Zounoze・角丸圓　著

Photobash 入門

CLIP STUDIO PAINT PRO 與照片合成繪製場景插畫

前言

首先，由衷感謝您拿起手上這本書。

本書是針對 Photobash 技法以及如何將照片活用於插畫的技術，進行解說。

‧將照片組合製作成一幅插畫作品。
‧自照片截取材質素材，並加以活用。
‧加工照片，營造出插畫的氛圍。
‧將以上技巧綜合運用，提升插畫品質。

本書的架構如上述所列，學習使用照片繪製插畫的各種技法，最後建立起一套「技術體系」，使各位得以充分掌握 Photobash。

也許有些人對於使用照片來繪製插畫感到抗拒。Photobash 不論在技術面或是技法面來說，都是相當新的領域。雖然在海外的概念藝術領域，這已經是門逐漸成為主流的技術，但似乎尚未普及至日本插畫業界。甚至還可能會出現排斥此技術的聲音。

然而，我們並不需要在意那些負面意見。
比如說，過去（其實現在仍然存在）就有很多人挪揄使用數位工具繪製插畫的人是偷工減料。

他們的論點是：「這不是自己真正擁有的技術，而是依靠電腦這種外部輔助，所以才無法認同。」
更有甚之，在手工繪製的時代也曾經有過「不透明水彩可以覆蓋底層修飾重畫，所以技術層次比透明水彩低階」，「使用規尺會讓線條失去筆勁」，「使用滾輪來大範圍填色太不像話了，一定要能用筆刷均勻塗色才算得上夠格」，「不准用字母貼紙拼字，應該親手書寫文字！」…等，對於工具帶來的方便與效率持反對意見的人實在太多了。
而這些意見的毫無意義，筆者也毋需在此贅述。

所謂的工具，就只是「為了描繪插畫，完成插畫作品這個目的而存在的手段」僅此而已。
而「技術」也只是一種工具。沒有額外意義，也無所謂貴賤。關注的焦點應該是如何使用？如何運用得宜？
而 Photobash 同樣也只是眾多技術的其中一種罷了。

回過頭來，如果以為只要使用照片，就能立即提升插畫的品質與水準，也非如此簡單。如果真的那麼容易，這個技法應該早就被許多人自行研究出來，並且隨處可見。
事實上，無論如何都還需要花費許多「融入插畫風格」的用心安排。
而且這一連串的處理用心安排，還有必要配合製作的狀況，進行細節的取捨與選擇，也需要進行調整。絕對不是單純機械性的將照片剪下貼上就可以完成的。

不過，也正因為如此，這才能獨立成為一門「技術」。
而也正因為這是一門「技術」，它才能夠被傳授、被學習。
如果各位讀者能夠透過本書，學習到 Photobash 這門技術，並繼續探索如何為自己所用，那就是筆者最大的心願了。

Zounose

什麼是 Photobash？

所謂 Photobash，指的是將數張照片（Photo）在畫布上剪貼組合（bash）製作成為插畫的技法。

關於使用照片的技法，從以前就存在一種稱為拼貼畫（Collage）的技法。
然而充其量只是將照片直接拼貼組合，再稍微繪畫加工罷了。（如果指美術、藝術表演中廣義的「拼貼藝術」的話，使用的素材就不只是照片，而是包含作者的創作理念及美術史脈絡在內，在此暫且不提）。

近年來，由於電腦繪圖的普及化，數位處理照片或活用以照片為基礎所製的素材，都已經變得可行。
因此，照片運用和繪畫的界線變得更加模糊，而結合兩者的技術和技法也得以成立。

所謂的照片，就是將現實的事物複製下來。一般認為這是屬於「寫實」的表現手法。
因此，將其組合在畫面當中時，即便只使用到一部分，亦能讓插畫作品的完成度，也就是帶給觀者的說服力大幅提升。
然而，照片畢竟是獨立存在，如果只是單純拼湊於畫面中，仍是獨立存在，只能說是一個異物。理想狀態就是既能免去異物感，又能夠充分運用其說服力，而「Photobash」就是以此為目的而創立的技術。
此外，一旦將照片組合在畫面之中，也會對手工繪製的部分帶來影響。
為了配合照片所具備的細節和質感，繪者的筆觸也會在無形中出現變化。像這樣的影響，最後可以成為提升描繪品質的契機。

如此優點眾多的技法，當然也有其不足之處。
首先，既然使用了照片，整體畫風多少會偏向照相寫實風格。
雖然這難以避免，不過本書將為各位解說如何不直接使用照片，而是將其當作素材來運用。只要能夠運用得當，即使是照相寫實畫風以外的作品也能廣泛地使用此技法。
另一個需要注意的是如果不仔細考量照片間如何搭配組合，很容易讓畫面看起來支離破碎。
總而言之，需要考量整體細節的質感、色調以及視平線等，才能使畫面和諧。
關於此點，本書也會針對需要注意之處和解決方法來進行解說。

只要在閱讀本書的過程中，心裏時時提醒自己上述內容，相信一定更能快速理解 Photobash。

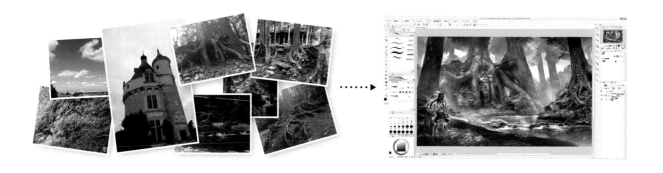

「油揚參山道」

製作過程

→「材質素材繪圖法」P.72～P.91

「四季」

製作過程

→「春」P.96～P.105 　　　→「夏」P.106～P.113
→「冬」P.122～P.129 　　　→「秋」P.114～P.121

「逐日盡頭的日常」

製作過程

→「以照片為中心進行構圖」P.44～P.61
→「透過細節描繪提升完成度」P.132～P.139

「深樹離宮」

製作過程

→「技法之集大成」P.140～P.155

春

夏

本書的使用方法

本書是使用照片及繪圖軟體「CLIP STUDIO PAINT PRO」來繪製場景插畫的技法書。

第 1 章「繪圖軟體的基礎」 將為各位解說如何以繪圖軟體繪製數位插畫，以及在繪圖軟體中使用照片的基本方法。

第 2 章「Photobash 的基礎」 是針對將數張照片（Photo）拼貼組合（bash）成 1 幅插畫，也就是「Photobash」的基本技法，配合實際範例來進行解説。

第 3 章「照片局部作為素材使用」 是將照片當作插畫的一部分或是材質素材來使用，藉以修飾細節的方法。

第 4 章「將照片處理為插畫風格」 要為各位解説如何將照片處理成動漫插畫風格。

第 5 章「Photobash 的應用」 會針對 Photobash 的應用、發展，以及如何提升插畫品質的方法進行解説。

透過學習利用照片來繪製插畫的各種不同方法，最後建立起一套「技術體系」，使各位得以充分掌握 Photobash，即為本書的架構。

本書的架構

第 1 章 繪圖軟體的基礎

① CLIP STUDIO PAINT PRO 的功能

解説本書所使用的繪圖軟體「CLIP STUDIO PAINT PRO」的功能。

② CLIP STUDIO PAINT PRO 的照片使用方法

解説在 CLIP STUDIO PAINT PRO 中的照片使用方法。在③則會説明使用照片製作筆刷的方法，以及刊載本書所使用的筆刷一覽表。

第 2 章 Photobash 的基礎

① 構圖方法

解説描繪場景插畫時，需要注意構圖事項，以及思考構圖的方法。

② 精簡照片量的構圖

使用 3 張照片，以 6 種不同模式的範例來解説構圖基礎。

③ 以照片為中心進行構圖

以製作過程的形式，解説 Photobash 的基本操作方法。

第 3 章 照片局部作為素材使用

① 照片素材的使用方法與特徵

透過簡單的步驟，為各位解説場景插畫中經常會使用到以照片為素材的描繪方法。

② 材質素材繪圖法

解説將照片活用於材質素材的描繪方法。

第 4 章 將照片處理為插畫風格

① 照片處理概要和各季節特徵

解説本章將要進行的照片處理概要。

② 春

以春天白畫為主題進行照片處理。

③ 夏

以夏夜的天空為主題進行照片處理。

④ 秋

以秋天的晚霞為主題進行照片處理。

⑤ 冬

以冬天的朝霞為主題進行照片處理。

第 5 章 Photobash 的應用

① 透過細節描繪提升完成度

將第 2 章的③「以照片為中心進行構圖」的範例插畫進一步提升完成度。

② 技法之集大成

本書封面插畫的製作過程。此即目前為止學習到技法的集大成。

操作步驟

將操作步驟以文章及圖片進行淺顯易懂的解說。此外，文章的英文
標記與圖片的英文標記互相對應。

③ 以照片為中心進行構圖

3 製作天空

3-1 描繪插畫中主體太空船的外輪廓

進入天空的作業之前，先描繪太空船的外輪廓。之所以要先描繪太空船
的外輪廓的原由，是因為這個外輪廓會對置色的配置有很大的影響。手
工描繪插畫的外輪廓的部分很少，因此請最小描繪吧。

將「圖層」描繪的草稿作為依據，描繪遠個巨大的外輪廓。並在其中以
充滿律動感的筆觸，加入細節。

緊緻的外輪廓稍微有些硬梆，原本應該將鉛向的顏色調淡一些比較好
看，但之後要在太空船底下配置遠遠的大樓，遠要以下方為起點，進一
步以較淡的顏色進行渲染貼處理，考量到細向的顯示面積會因此減
少，結果才決定設計成遠個樣子。

A 在描繪了地面的圖層資料夾之下，建立新圖層資料夾。一邊在其中
建立圖層，一邊在遠景描繪太空船。遠個時候只要先描繪外輪廓即
可。

B 與草稿的時候不同，細部也要描繪出來。

3-2 配置天空的照片

天空使用的照片與草稿所使用的照片不同，而是配置另外的照片。
為了配合「圖層」描繪的太空船外輪廓，選擇了有深度變化的雲朵照
片。
此外，在遠裏配置的天空照片，是以智慧型手機的全景拍攝功能拍出來
的照片。

A 不同於草稿，讀取另外的「照片：天空 a」。

B 雲朵的配置方式，彷彿朝向畫面中心集中一
般。

※ 遠裏為了方便解說，將太空船的外輪廓調整成半透明。

53

R : 52
G : 48
B : 99

本書以 RGB（三原色）顏色模型為基準。作為基底色彩
的底色都會標示出 RGB 的數值。要以此顏色為基準，進
行重複塗色的作業。

Point

一定要描繪出人物角色

無論打算如何運用照片，人物角色也請一定要以手工繪
製。使用照片的人物，除非原本就與畫面極為搭配，否則
在畫面中看起來會非常突兀。

POINT

作畫時的訣竅以 POINT 的形式來作說明。

COLUMN

照片的版權

Column

以小專欄的形式為各位介紹較高等的技巧、思考模式，以
及關於照片的記述。

照片／材質素材

插畫中使用的照片及材質素材。圖片名稱與實際的檔案名
稱互相對應。

特典資料的下載方法

http://hobbyjapan.co.jp/manga_gihou/item/1215/

各位可以到上述 URL 下載本書所使用的筆刷、照片及印象素
描等數位資料。

使用下載數位資料前，請務必先閱讀「ダウンロードデータご
使用の前にお読みください.txt」檔案的內容。
此外，下載完成的筆刷檔案，可以自電腦上的視窗將檔案直接
拖曳及放下至 CLIP STUDIO PAINT PRO 的輔助工具面板讀入
後即可使用。

※執行特典資料檔案所導致的任何結果，本書作者、株式會社 CELSYS、
株式會社 Hobby JAPAN 皆不負擔一切責任。請各位讀者自行負責判斷後使
用。

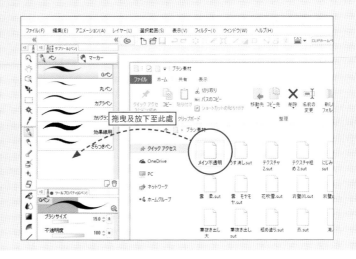

目次

第1章

繪圖軟體的基礎

CLIP STUDIO PAINT PRO 的功能

以傳統手工方式描繪插畫時，需要使用鉛筆、畫筆、顏料等畫具，但以電腦來描繪插畫時，我們所需要的畫具就是繪圖軟體了。在為數眾多的繪圖軟體當中，本書所使用的是「CLIP STUDIO PAINT PRO」。在此將為各位介紹運用Photobash技法製作場景插畫時處理照片的常用功能。

1 Photobash 常用功能介紹

1-1 CLIP STUDIO PAINT PRO 的畫面與配置

下圖即為 CLIP STUDIO PAINT PRO 的畫面。透過選擇各種不同的工具或功能，在畫布上將插畫描繪出來。

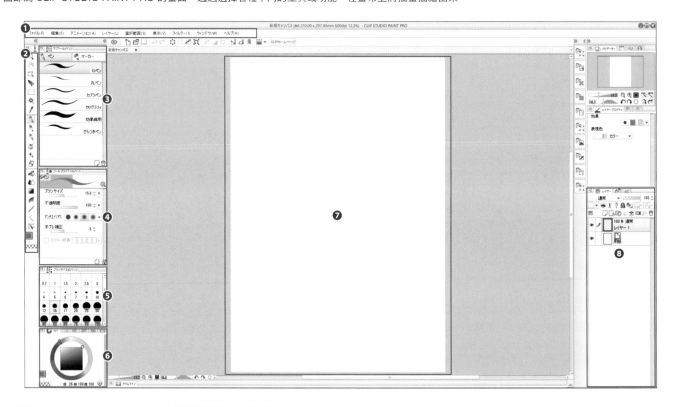

❶功能列‥‥‥‥‥‥‥‥‥‥‥‥‥‥‥可用來選擇預先設定好的功能。

❷工具面板‥‥‥‥‥‥‥‥‥‥‥‥‥‥可用來選擇工具。

❸輔助工具面板‥‥‥‥‥‥‥‥‥‥‥可用來選擇各種細節用途的工具。

❹工具屬性面板‥‥‥‥‥‥‥‥‥‥‥可用來執行工具設定。

❺筆刷尺寸面板‥‥‥‥‥‥‥‥‥‥‥可用直覺式的選擇筆刷尺寸。

❻色環面板‥‥‥‥‥‥‥‥‥‥‥‥‥可用來設定顏色。

❼畫布‥‥‥‥‥‥‥‥‥‥‥‥‥‥‥‥在此繪製插畫。

❽圖層面板‥‥‥‥‥‥‥‥‥‥‥‥‥可用來管理圖層。

Point

可至官網下載免費試用版

CLIP STUDIO PAINT PRO 是需付費購買的軟體，但在官方網站可以下載 30 日免費試用版。
http://www.clipstudio.net/

1-2　工具的選取方法

CLIP STUDIO PAINT PRO 有許多適用於各種不同用途的工具。

可以透過各種工具面版來選用不同的工具。面版類的選單分為「工具面板」、「輔助工具面板」、「工具屬性面板」、「輔助工具詳細面板」、「筆刷尺寸面板」等等。

選擇工具的基本步驟如下所述。

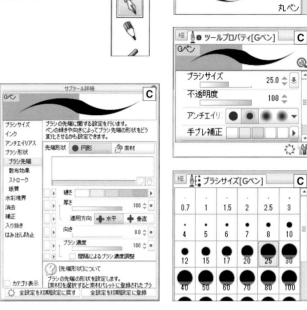

A 在「工具面板」點選工具。

B 還可以在「輔助工具面板」來選擇各種細節用途的工具。此外，在「工具面板」所選擇的工具，有些還會進一步分類為不同的命令選單群。

C 「工具屬性面板」及「輔助工具詳細面板」可以用來調整工具的設定。此外，如果想要設定筆刷尺寸的話，也可以在「筆刷尺寸面板」直覺式地選擇尺寸。

1-3　經常使用的工具

以 Photobash 來描繪場景插畫時，經常使用到的工具如下所列。

操作工具

用來在畫布上操作畫像的工具。如果要移動讀取後的照片，可使用「物件」來執行。

オブジェクト

選擇範圍工具

建立選擇範圍的工具。有使用長方形、橢圓形來建立選擇範圍的方法，以及使用套索選擇、折線選擇來圈選出所要選擇範圍的方法。

吸管工具

在畫布上點擊滑鼠左鍵，即可取得顏色的工具。

蘸水筆　　鉛筆　　毛筆　　噴槍工具

這些都是所謂的筆刷工具。基本上會使用這些工具來描繪線條或是塗色。

橡皮擦工具

顧名思義，這就是橡皮擦。與筆刷工具的功能相反，在想要消去的部分拖移滑鼠游標即可擦去畫面。

色彩混合工具

用來混合色彩，或是用來製造模糊效果的工具。可以在顏色過於鮮明的部分用這個工具使其融入周圍。「複製圖章」則可以複製照片的一部分，一邊用來融入周圍，同時消除不需要的部分時相當方便的工具。關於複製圖章的詳細使用方法請參考「第 55 頁」。

コピースタンプ

漸變貼圖工具

可以用來製作色調自然的漸變貼圖處理的工具。使用這個工具拖曳游標時，就能配合位置、長度及設定內容來製出相對應的漸變貼圖。

圖形工具

可以用來描繪直線、曲線、長方形及橢圓形等各種不同圖形的工具。「製作規尺」命令選單群中，有可以簡單製作透視線的「透視規尺」。關於透視規尺的詳細使用方法請參考「第 79 頁」。

1-4　以色環面板選取顏色

點擊或是拖曳色環面板，就能夠直覺性地選擇所需顏色。
左下方的色彩圖示會顯示現在選擇的繪圖顏色，以及立即可以使用的繪圖顏色。只要點擊「主
色」、「輔助色」、「透明色」等各顯示部分，就能夠切換繪圖顏色。
選擇透明色的話，也可以將筆刷當作橡皮擦來使用。

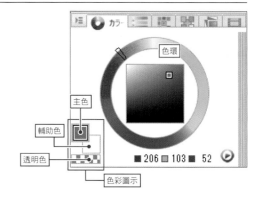

1-5　不超出範圍的塗色功能

以下介紹的是設定塗色時不會超出底色範圍的方便功能。

用下一圖層裁剪

設定為「用下一圖層裁剪」的圖層線條及塗色，只會在下一圖層所描繪的範圍內顯示出來。因為在下一圖層範圍之外的部分都不會顯現出來，所以若希望塗色時不要超出底色範圍，這會是相當方便的功能。

A 在圖層面板點擊「 用下一圖層裁剪」。

B 只會顯示出下一圖層的描繪範圍，超出的部分不會顯現出來。

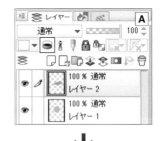

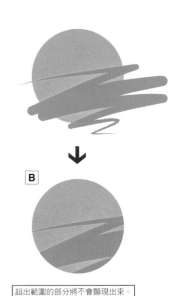

超出範圍的部分將不會顯現出來。

指定透明圖元

設定「指定透明圖元」的圖層，將會無法再對其透明部分進行描繪。如果不想另外建立圖層，而又想要重覆塗色的時候，這個功能很方便。

A 在圖層面板上點擊「 指定透明圖元」。

B 透明部分將無法再進行描繪，因此描繪的時候不會超出範圍。

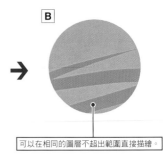

可以在相同的圖層不超出範圍直接描繪。

1-6　透過圖層的合成模式來改變畫面氣氛

合成模式，是用來將設定為合成模式的圖層以及下一圖層之間，設定彼此顏色重疊方式的功能。因應所設定的合成模式種類不同，顏色間的重疊套色方式也各有不同。

只要設定了合成模式，就能夠一瞬間改變整幅插畫的氣氛。可以用自然的色調來加上陰影，也可以讓特定部位發光，在最後階段用來調整整體色調的效果也很好。在很多時候都能派得上用場，可說是在繪製數位插圖時不可或缺的功能。

要在哪個部分使用哪種合成模式，必須視當時的狀況而定，因此請盡量嘗試各種不同的模式。

合成模式的變更要在圖層面板上執行。雖然合成模式的種類豐富，但在此介紹的是使用頻率較高的其中幾種。

色彩增值

可以讓色彩重疊套色後，以自然的色調形成變暗效果。主要使用在想要加上陰影的部分。如果使用在線條上的話，使其融入周圍的效果也很好。

以自然的色調描繪影陰

相加／相加（發光）

可以讓色彩重疊套色後變得明亮。主要是想要在畫面上加入亮部，或是讓特定部位發光時使用。此外，「相加（發光）」對於半透明的部分，可以達到比「相加」更強的效果。

描繪出光輝耀眼的感覺

濾色

可以讓色彩重疊套色後，以自然的色調形成增亮的效果。但不如「相加」的增亮效果那麼極端。適用於將兩色之間的交界處彼此相融，或是讓遠方的物體色澤變淡，營造出朦朧不清的感覺。

 →

讓遠方朦朧，營造出遠近感

覆蓋

將下一圖層的明亮部分使用「濾色」模式，陰暗部分使用「色彩增值」模式來重疊套色。在最終階段調整整體色調時使用。

 →

調整色調營造出明暗的強弱對比

變亮

將設定合成模式的圖層與下一圖層的顏色進行比較，並重疊套色成為兩者間較明亮的顏色。可以用來將照片特有的容易過暗的部分，置換成較明亮的顏色。

 →

將較暗部分置換成藍色，降低照片感

Point

在圖層資料夾設定合成模式

在圖層資料夾設定合成模式後，只要放入此資料夾的所有圖層都會改變為設定好的合成模式。此外，「通過」的合成模式只能在圖層資料夾上設定，放入資料夾的圖層的合成模式及色調補償效果，同樣能夠適用於資料夾外的圖層。

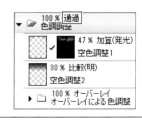

1-7　操作選擇範圍

透過選擇範圍選單，可以對使用選擇範圍工具建立的選擇範圍，進行各式各樣不同的操作。

能夠執行的操作有將選擇範圍進行反轉、擴大、縮小，甚至是對邊界部分進行模糊處理等等。

像 Photobash 這種使用照片來製作插畫的技法，經常會需要活用到選擇範圍的功能。因此，以下的各項功能就顯得非常重要，請務必確實熟練掌握。

反轉選擇範圍

這個功能能夠將選擇範圍反轉。執行此功能後，可以將未選擇的部分建立為選擇範圍。照片的細節部位非常地細小，常有不容易選擇的部分，因此經常會出現需要以反轉的方式進行選擇的情況。

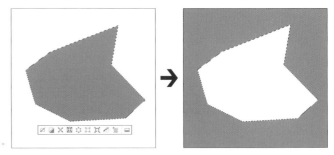

※藍色部分為被選擇的部分。

擴大／縮小選擇範圍

此功能能夠將選擇範圍擴大或者縮小。在畫面出現的對話框中的「擴大寬度」（若為「縮小選擇範圍」則是「縮小寬度」）輸入數值，就能夠使選擇範圍變更為相對應的大小。「擴大類型」（若為「縮小選擇範圍」則是「縮小類型」）則可以選擇「直角」或「圓角」，在執行擴大的同時，一併變更選擇範圍的形狀。

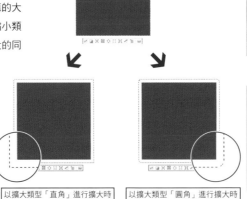

以擴大類型「直角」進行擴大時　以擴大類型「圓角」進行擴大時

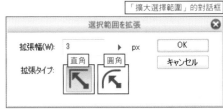

「擴大選擇範圍」的對話框

「縮小選擇範圍」的對話框

邊界暈色

這個功能是可以將選擇範圍的邊界進行暈色處理。在畫面出現對話框中的「暈色範圍」輸入數值，就能夠使選擇範圍的邊界暈色成為相對應的程度。如果只是觀察選擇範圍，可能察覺不出變化，然而一旦執行填充塗色功能時，就能夠看出邊界暈色成為較平滑的線條。

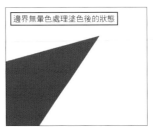

邊界無暈色處理塗色後的狀態

邊界有暈色處理塗色後的狀態

1-8 選取顏色製作選擇範圍

諸如樹木的枝葉之間，形狀複雜的花朵等等，總是會有以手工難以建立選擇範圍的情形。

像這個時候，「色域選擇」就是相當方便的功能。只要點選畫面上的顏色，就能夠建立相近顏色的選擇範圍。

特別是照片本身就具備相當細微的細節部分，因此經常會使用這個功能來建立選擇範圍。

執行「選擇範圍」選單→「色域選擇」後，會出現色域選擇對話框，可以進一步執行相關設定。

如果增加「顏色的允許誤差」數值，選取的顏色範圍就會相對應的增加，請多加嘗試，直到能夠建立心中理想的選擇範圍為止。

- 新選擇 ✎ …將點選的顏色，建立成為新的選擇範圍。
- 添加到選擇中 ✎ …將點選的顏色，添加到已經建立的選擇範圍內。
- 從選擇中刪除 ✎ …將點選的顏色，自選擇範圍中刪除。

如果勾選「多圖層參照」，即使是沒有在圖層面板上選擇的圖層，也會參照指定的顏色製作選擇範圍。

此外，以「色域選擇」建立的選擇範圍輪廓會呈現鋸齒狀，請務必搭配「邊界暈色」功能一併執行，讓輪廓邊界的線條變得較為柔和。

以下是以色域選擇來建立櫻花的選擇範圍時的步驟。

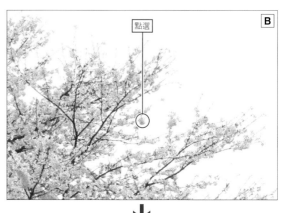
點選

A 執行「選擇範圍」選單→「色域選擇」。畫面上會出現色域選擇對話框，然後設定「顏色的允許誤差」（在這裏我們設為較數值高的「30」）。

B 點選櫻花中顏色較深的部分。

C 於是，與點選部分相近的所有顏色，都會呈現被選擇起來的狀態。如果將顏色的允許誤差值降低的話，被選擇起來的範圍就會減少，反之，如果將數值再增加的話，就會連天空都被選擇起來。

點選的顏色以及相近的顏色，都會建立選擇範圍

1-9 透過圖層建立選擇範圍

CLIP STUDIO PAINT PRO 也有透過圖層已描繪的部分，來建立選擇範圍的功能。

只要在圖層面板上的圖層快取縮圖上，Ctrl ＋點擊滑鼠左鍵即可建立選擇範圍。

如此即可建立已經描繪完成部分的選擇範圍，並且還可以再將該範圍進行擴大、填充塗色處理，或是建立已配置完成的材質素材的選擇範圍，是一項在各種的情形都經常會使用到的方便功能。

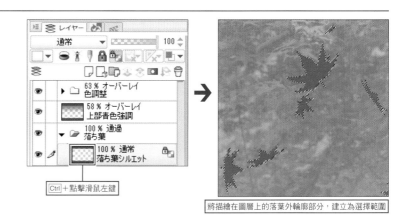
Ctrl ＋點擊滑鼠左鍵

將描繪在圖層上的落葉外輪廓部分，建立為選擇範圍

1-10 活用圖層蒙版

圖層蒙版，是將描繪在圖層上的插畫的一部分，隱藏起來不顯示的功能。而非將插畫
本身刪除，只是以蒙版遮蓋（隱藏），隨時可以立即恢復原狀。
下面的步驟是圖層蒙版的基本使用方法。

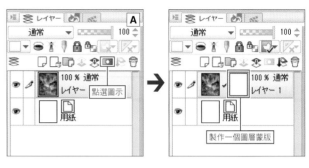

A 想要製作圖層蒙版，要先在圖層面板上選擇想要製作圖層蒙版的圖層，然後再以
滑鼠左鍵點擊「 ▣ 製作圖層蒙版□」來進行。

B 選擇製作完成的圖層蒙版的快取縮圖，再使用
橡皮擦或透明色的筆刷消去之後，即可隱藏該
部分。之後若是在蒙版範圍進行描繪，或是刪
除圖層蒙版本身，就可以恢復原狀。

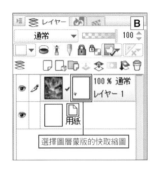

想要刪除的部分會被遮蓋看不見

在選擇範圍外製作蒙版／在選擇範圍製作蒙版

除了使用橡皮擦或筆刷以外，也可以活用選擇範圍來製作圖層蒙版。
「在選擇範圍外製作蒙版」可將選擇範圍以外，製作蒙版遮蓋隱藏起來。
反過來說，「在選擇範圍製作蒙版」則是將選擇範圍之內，製作蒙版遮蓋隱藏起來。
可分別在【圖層】選單→【圖層蒙版】（或是在圖層面板上以滑鼠右鍵點擊圖層→
【圖層蒙版】）進行設定。

以煙火為中心建立選擇範圍

在選擇範圍外製作蒙版

在選擇範圍製作蒙版

使用圖層蒙版來裁剪照片

請務必使用圖層蒙版來執行照片的裁剪。對 Photobash 來說，畫
面配置時會多方嘗試，需要重覆將照片刪除、恢復原狀等作業。
而任何時候都能夠進行微調整的圖層蒙版功能就顯得非常方便。
此外，隨著作業的進展，有可能會需要使用到原來照片的一部
分。像這種時候，請注意，若非使用圖層蒙版功能來刪除照片，
就無法輕易地恢復原狀。

1-11 調整色調和亮度

在【編輯】選單→【色調補償】當中，具備了針對選擇的圖層，進行色彩調整功能。

這些功能各有不同的效果，在這裏介紹經常使用的功能。

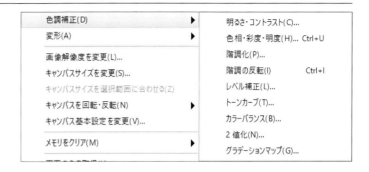

色相・彩度・明度

可以調整圖像（選擇的圖層）顏色的鮮明度與亮度的功能。

「色相」的數值變更後，可以將現在的顏色改變為另外的顏色。

「彩度」的數值增加，顏色變得鮮明；數值降低，顏色變為暗沉。若將彩度設定為「-100」，圖像的顏色會變成灰色調。

「明度」的數值增加，會變得明亮；數值降低，會變得灰暗。

調整色相、彩度，轉變成秋天的樹木

亮度・對比度

可以調整圖像（選擇的圖層）的亮度。

「亮度」的數值增加，圖像變得明亮、淡薄；數值降低，則反過來變得灰暗、濃厚。

「對比度」的數值增加，可以強調出顏色的亮處與暗處之間的差異；數值降低，則顏色之間的差異就不明顯，「-100」的時候會變成單一灰色。

強調對比度，使插畫的風格如同以顏料描繪一般

色階補償

可以對圖像的亮度、對比度進行較【亮度・對比度】更細微的調整設定。

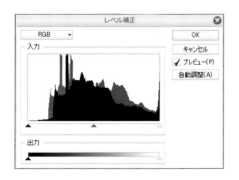

1-12　圖像模糊處理

可由【濾鏡】選單執行圖像的加工處理。使用率較高的是【濾鏡】選單→【模糊】
當中的【高斯模糊】。可以達到平滑的模糊效果。

在顯示出來的對話框中的【模糊範圍】輸入數值愈高，模糊程度就愈強。

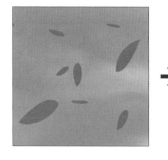

將花瓣做模糊處理

1-13　圖像變形處理

透過【編輯】選單→【變形】，可以執行圖像的放大、縮小、變形及反轉等操作。在畫布
上配置讀取的照片時，經常會使用到的功能。

放大・縮小・旋轉

用來進行圖像的放大、縮小、旋轉等操作的功能。
放大、縮小可以透過拖曳「縮放控點」的方式進
行。

旋轉則是要在滑鼠游標變成 ↰ 的時候，朝想要
旋轉的方向拖曳來進行。最後按下 Enter 鍵，即
可完成操作。

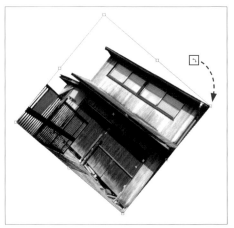

自由變形

可以變更整個圖像的外形，或是配合畫面的縱深變
形的功能。只要拖曳「縮放控點」便能夠自由變
形。一邊按住 Shift ，一邊拖曳「縮放控點」的
話，也可以放大、縮小圖像。

將照片變形處理後配置

左右反轉・上下反轉

可將圖像上下左右反轉的功能。

CLIP STUDIO PAINT PRO 的照片使用方法

如何活用照片，對於本書解說的 Photobash 來說，是一個相當重要的環節。

這裏要為各位介紹 CLIP STUDIO PAINT PRO 讀取照片之後，如何運用在插畫上的 3 大技法。舉凡將照片貼上畫布後組合搭配、作為材質素材來使用、設定為筆刷的形狀，這些都是在製作本書的範例插畫時的基本技巧，請確實地熟練掌握。如果製作插畫的過程中，不知道下一步該怎麼辦的時候，請隨時翻回這裏重新閱讀看看。

1 將照片貼上後使用

1-1 將數張照片組合運用

這裏要為各位解說將照片直接使用在插畫上的方法，即為 Photobash 的基本技巧。既可發揮創意將數張照片組合搭配起來，也可以將照片用來營造出特定場所的質感。就算只是單純將照片組合搭配，也可以創作出饒富趣味的 1 幅插畫。技巧熟練之後，透過細節的描繪，甚至能夠形成插畫中的整體世界觀。

以下就是將照片讀取至畫布後，組合搭配方法的基本步驟。

A 依【檔案】選單→【讀取】→【圖像】的步驟，讀取想要配置的照片。
讀取的照片務必要執行【點陣圖層化】（第 46 頁）。
或是將照片讀取至另外的畫布後，複製，再貼上進行作業的畫布也可以。

B 將讀取的照片，以「操作」工具的「物件」（第 19 頁），移動至任意的位置進行配置。

C 以【編輯】選單→【變形】→【自由變形】（第 26 頁）進行放大、旋轉、變形，調整尺寸及外形。
使用圖層蒙版（第 24 頁）將不要的部分刪除裁剪照片，只保留插畫所需要的部分。就算只是依 A、B、C 的步驟將各種不同的照片組合搭配，也能夠創作出饒富趣味的作品。

D 視需要描繪細節，提升作為插畫的完成度。

照片：建築物 a A

照片：樹木 a A

B

C

將配置的照片變形後組合搭配，使用圖層蒙版裁剪保留必要的部分

→

D

視需要描繪細節

27

2 將照片當作材質素材使用

2-1 製作材質素材

在此解說將照片材質作為素材的使用方法。

首先，以右圖照片為例，建立材質素材。

這是以智慧型手機的相機功能拍攝下來的照片。作為材質素材使用的照片，不需要太講究照片的品質，因此不會受限於相機的性能。以這張照片為例，雖然有鏡頭晃動、不小心讓手指入鏡這些意外，但以結果來說，照片中的輪廓因此不至於太過銳利，反而成為好用的素材。

材質素材的建立方法，如同以下的步驟進行。不管使用什麼樣的照片，這些步驟基本上都是不變的。對原始的照片也沒有任何條件限制，因此能夠盡量以各種不同的照片嘗試製作看看。

照片：石頭 a

A

A 讀取材質素材的原始素材照片，依【編輯】選單→【色調補償】→【色相・彩度・明度】（第 25 頁），將彩度的數 設定為「-100」。照片將會變成灰色調。

B 依【編輯】選單→【色調補償】→【色階補償】（或是【亮度・對比度】）來調整對比度，讓黑白強弱對比更加清楚明確。

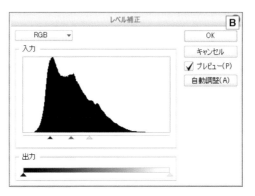

B

C 依【編輯】選單→【將輝度變為透明度】將白色部分透明化處理。如此材質素材就完成了。然後為素材命名，存檔備用。

材質素材：石頭 a

C

2-2 自材質素材建立選擇範圍後塗色

使用【2-1】建立起來的材質素材，以岩石的外輪廓為例，加上局部細節與質感。材質素材的使用方法有幾種，首先，為各位解說自材質素材建立選擇範圍後塗色的方法。這個方法可以輕易地提升插畫的完成度，請一定要熟練。

A 將【2-1】建立起來的材質素材在另外的畫布開啟，複製後，貼上描繪了岩石外輪廓的畫布。這麼一來，就可以維持材質素材的透明化部分將照片讀取至畫布。

將貼上的材質素材依【編輯】選單→【變形】→【自由變形】的步驟，放大、旋轉，並視情況變形處理，配置於想要增加細節、質感的部分。

B 在配置材質素材的圖層的快取縮圖上 Ctrl＋點擊滑鼠左鍵，建立選擇範圍（第 23 頁）

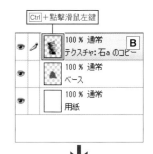

Ctrl＋點擊滑鼠左鍵

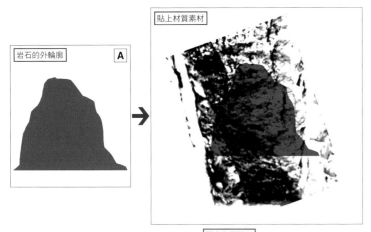

岩石的外輪廓 A

貼上材質素材

建立貼上的材質素材的選擇範圍 B

C 選擇範圍建立完成後，將 A 貼上的材質素材設定為不顯示。新建立一個圖層，執行「用下一圖層裁剪」（第 20 頁）。這裏要對陰暗部分進行填充塗色，因此要在合成模式（第 21 頁）設定為「色彩增值」。

設定為不顯示

建立新圖層後裁剪下來

在選擇範圍內塗色

D 將 C 的圖層，以 B 建立起來的選擇範圍進行塗色。這麼一來，可以使用任意的色彩，輕易地加上細節與質感。使用「柔化輪廓」之類可讓輪廓模糊的筆刷（第 32 頁）進行塗色，可以有更加細微的表現。

2-3 從材質素材選擇範圍，反轉後塗色

從材質素材建立起來的選擇範圍，反轉處理後再進行塗色，可以達到與直接塗色不同的效果。

反轉處理後，透明部分會被選擇起來，這是原本即為白色的部分（明亮部分）。因此，想要表現受光面部分，或是凹凸處的凸部分時，可以反轉後再進行塗色。

A 以「2-2」的 A、B 同樣的步驟，建立選擇範圍。再將建立起來的選擇範圍，依【選擇範圍】選單→【反轉選擇範圍】（第 22 頁）的步驟，進行反轉處理。

B 建立新圖層，執行「用下一圖層裁剪 ⬭」。
在這裏要對明亮部分進行塗色，因此要將合成模式設定為「相加（發光）」。

C 在選擇範圍以任意的色彩塗色，可以得到與「2-2」不同風格的效果。

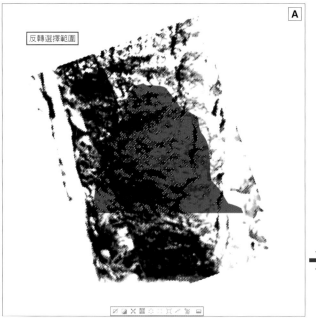

反轉選擇範圍

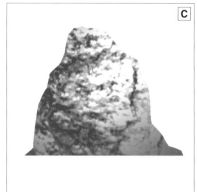

2-4 將製作完成的材質素材貼上使用

也有可以將貼上的材質素材直接使用的方法。執行的步驟較少，可以縮短處理時間，但如果想要細微調整色彩濃淡或是改變顏色的話，反而需要耗費更多工夫。若是因為材質素材感太過強烈，整個畫面感覺平坦無趣沒有立體感時，可以試著消去材質素材的邊緣、改變材質素材本身的顏色，增加一些畫面的韻律感。

A 以「2-2」A 同樣的步驟，貼上材質素材。

B 對貼上的材質素材，執行「用下一圖層裁剪 ⬭」。

C 若是感覺材質素材感太過強烈，可以消去照片邊緣來進行調整。

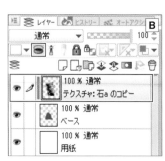

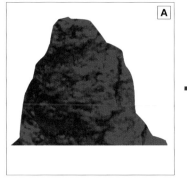

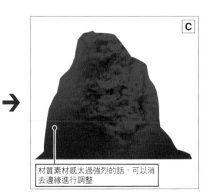

材質素材感太過強烈的話，可以消去邊緣進行調整

③ 將照片製成筆刷

3-1 製作材質素材筆刷

在 CLIP STUDIO PAINT PRO 當中，除了可以使用預設的筆刷之外，也可以自由變更設定，製作原創的筆刷。甚至可以藉由使用照片素材，製作出形狀奇特的材質素材筆刷。

製作材質素材筆刷時，基本的步驟是先將預設的筆刷複製起來，然後再變更其中的設定。

將筆刷複製完成之後，接著將素材登錄為筆刷形狀，再進行細微的設定調整。

像是毛筆的乾刷筆觸，或是讓顏料如同飛沫般噴濺的手工繪製感，岩石及土壤的質感等等，都可以輕易地藉由筆刷形狀的設定來表現。此外，如果預先製作專用筆刷，也能夠輕易地描繪樹葉及雲朵。

設定筆刷形狀的素材，除了照片素材以外，也可以建立一個新畫布直接描繪、或是在紙上手工繪製後掃瞄成圖像檔案等等，只要是圖像，都可以拿來設定成筆刷。

以下要為各位說明，將照片製作成筆刷形狀的材質素材，並將這個材質素材設定為筆刷的步驟。

將筆刷所需要的部分裁剪下來

照片：樹木 b

A 材質素材筆刷原始素材的樹木照片。

B 將筆刷所需要的部分稍大一些的範圍裁剪下來。

C 依【編輯】選單→【變形】→【放大・縮小・旋轉】（第 26 頁）的步驟，將尺寸放大。

再依【編輯】選單【色調補償】→【色相・彩度・明度】（第 25 頁）的步驟，將彩度設定為「-100」，調整為灰色調。再進一步依【編輯】選單→【色調補償】→【色階補償】（或是【亮度・對比度】）來調整對比度，使黑白的強弱對比更加清楚明確。

D 將筆刷所需要的部分以外都刪除。使用較淡的橡皮擦處理輪廓使其變得模糊。接下來，以【編輯】選單→【將輝度變為透明度】將白色部分透明化處理。

E 【編輯】選單→選擇【將圖像登錄為素材】。

畫面上會顯示「素材的屬性」對話框，輸入任意的素材名稱、選擇素材的存檔位置（在這裏是「圖像素材」→「插畫」→「筆刷」），然後滑鼠左鍵點擊【OK】。此外，請務必勾選「作為筆刷前端形狀使用」。

F 在輔助工具面板上選擇想要改變形狀的筆刷，接著畫面上會顯示輔助工具詳細面板。

在「筆刷形狀」→「筆刷前端」分類的「前端形狀」選擇「素材」。滑鼠左鍵點擊「追加筆刷前端形狀 📄」，接著顯示「選擇筆刷前端形狀」的對話框，選擇在 **E** 存檔的素材。

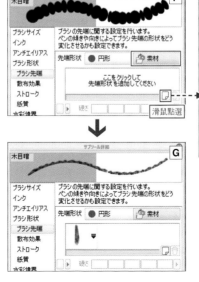

G 於是素材就會被讀取成為筆刷的形狀，材質素材筆刷就此製作完成。

3-2 | 本書所使用的筆刷

①主要不透明

使用於描繪形狀清楚明確的外輪廓。較少使用於塗色處理。

②主要塗色

基本上塗色處理都是使用這個筆刷。

③粗略塗色

相較於「主要塗色」，希望呈現出手繪質感的時候，用來描繪細節使用。

④柔化輪廓

希望呈現朦朧氣氛時可以使用。

⑤柔化塗色

描繪光線，或是要融入周圍的時候使用。也可以用來描繪草稿。

⑥材質素材 2

使用於材質素材的細節描繪。

⑦瀑布

使用於飛濺水花或塵土飛揚這類潑灑效果。

⑧岩壁凹、岩壁凸

這些也是用於材質素材的細節描繪。這是由岩壁照片製作而成的筆刷，因此名為岩壁。岩壁以外也可使用。

⑨木紋亮，木紋暗

想要營造出樹木質感的時候使用。

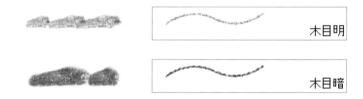

⑩樹葉

描繪樹葉的時候使用。一片一片描繪樹葉很辛苦，只要使用這個筆刷就能輕易地描繪。

⑪樹葉摘出，樹葉摘出（大）

依樹葉的大小不同，準備了 2 種筆刷。

不過與其說是描繪樹木，不如說是描繪雜草等植物的時候使用。

⑫苔蘚

想要表現如苔蘚般質感時使用的筆刷。

⑬雲 軟

描繪雲朵的時候使用。通常只用這個筆刷描繪。

⑭雲 硬

描繪雲朵輪廓中清楚明確的部分時使用。

⑮雲 朦朧

想要強調雲湧翻騰的情形時使用。

⑯花瓣飛舞

描繪花瓣的時候使用。

⑰自製紅葉

描繪紅葉的樹葉時使用。

⑱螢火蟲

描繪隨機出現的點點時使用。在本書將此筆刷使用於表現螢火蟲的亮光。

⑲草地

描繪草或草地的時候使用。

⑳較硬 2

當作橡皮擦使用。

㉑淡化消去

想要淡淡地消去時使用。

㉒材質素材粗略 2

想要呈現手繪質感、材質素材感的塗色處理時使用。然而大部份的情況下者選擇「透明色」，將已有塗色的部分以拖移滑鼠游標的方式消去，營造出材質素材感，這樣的用途較多。

㉓模糊／滲透模糊

依照效果的強弱，製作了 2 種不同的模糊筆刷。提供不同的場合選用不同的筆刷。滲透模糊是一種形狀不規則的模糊效果。與其說是滲透，不如說是隨機漫天播撒般的模糊效果。使用於空氣中薄霧或是雲朵的朦朧部分。

COLUMN

遠近法

描繪場景插畫時的遠近法雖然有很多種，在這裏要為各位介紹的是使用頻率特別高的技法。

透視法（Perspective）

所謂的透視法，指的是「將映在眼中的物體正確描繪出來的技法」。在英文中稱為「Perspective（透視法）」，相信各位應該至少聽過這個名詞吧。Perspective 是泛指所有遠近法的名稱，而在插畫的世界裏大多指的是透視法。

首先要決定「視平線（觀看插畫的人的「視線高度」）」。
預設觀看插畫的人是站在怎麼樣的位置、高度來觀看，然後據此描繪出來的插畫，會更有說服力。視平線不只是運用於使用透視法的插畫，更是務必預先設定的要素。
接下來，設定「消失點」。
愈近的物體看起來會愈大，而愈遠的物體看起來會愈小。就算實際上外形呈現平行的物體，考量到畫面縱深的情形，也必須要以非平行的線條描繪。由插畫的畫面前方朝向畫面後方延伸的線條，最終會靠攏集中後形成交會，而這個線條交會的最終地點的設定，就是所謂的「消失點」。
依照消失點的數量不同，透視法的種類也有所變化。經常使用的透視法有，「1 點透視法」、「2 點透視法」、「3 點透視法」等 3 種。

1 點透視法…在視平線上設定 1 個消失點，所有縱深的線條都會朝向這個位置靠攏集中的透視法。

2 點透視法…將 1 點透視法的視點稍微左右錯開，描繪由斜側方觀察物體時會使用的透視法。

3 點透視法…將 2 點透視法的視點上下錯開，描繪以仰視或俯瞰角度觀察物體時使用的透視法。

在 CLIP STUDIO PAINT PRO 當中，具備了透視規尺這種在繪製透視法的時候，非常方便的功能。
詳細內容請參考第 79 頁的 Point「透視規尺的使用方法」。

空氣遠近法

利用物體距離愈遠，受到大氣（空氣）的影響，導致顏色愈顯淡薄，外觀看起來較為朦朧這個特性的遠近法。
在插畫表現手法上，距離畫面愈後方，顏色就畫得愈淡薄，甚至還會融入天空或周圍的顏色之中。
此外，愈近的物體，輪廓及細節看起來愈清楚明確，畫面愈後方的物體看起來愈模糊，依照距離改變描繪細節的程度，也可以表現出遠近。

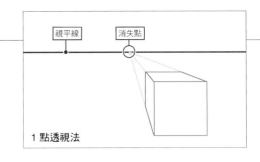

視平線　消失點

1 點透視法

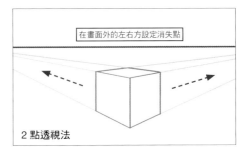

在畫面外的左右方設定消失點

2 點透視法

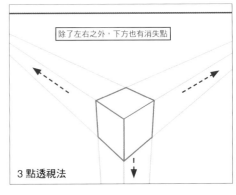

除了左右之外，下方也有消失點

3 點透視法

第2章

Photobash 的基礎

構圖方法

本章將為各位解說，將數張照片貼上畫布，組合搭配後繪製成插畫，亦即為 Photobash 的基本考量方式與技術。對 Photobash 而言，所配置的照片大小尺寸與位置的比例均衡是相當重要的。首先，要針對畫面架構的距離考量方式以及視線誘導的重要性進行解說。這些不只是 Photobash，同時也是描繪場景插畫普遍的考量方式。

1 使用 Photobash 構圖

1-1　3 種距離和視線誘導

對場景插畫來說，與其個別物體的細節描繪，更重視整體的調和。因此，不能臨時起意就開始描繪，而是一開始就要養成仔細地決定構圖、有計畫性的配置畫面習慣。構圖方法因人而異，對我來說，會將縱深區分為「近景」、「中景」、「遠景」等 3 種距離來分別考量配置。以右側的場景插畫為例，黃色的範圍是「近景」，綠色是「中景」，藍色則是「遠景」。

像這樣區分開來後，就得以考量哪個部分要配置什麼樣的物體？哪裏需要進一步描繪細節？反過來說，哪裏不需要描繪細節…等等整體的比例均衡。

而這在使用「Photobash」技法的情形也是同樣的。

特別是在運用 Photobash 的場合，所使用的照片一開始就具備了細節，就算不經過任何處理，也已經是資訊量容易過多的場景插畫，而我們甚至還要進一步增加更多資訊量。一幅資訊量過多的插畫，會讓觀看者的視線迷失，不知道眼睛該看向何處。

結果就是造成插畫的比例均衡遭到破壞。因此，首要之務就是要確實考量「希望視線集中在何處（想要凸顯哪裏）？」以及「希望視線以怎樣的順序來觀看？」這兩點。接下來才是要決定各照片的配置以及要保留與否的局部細節位置來尋求整體畫面的調和，這對 Photobash 來說特別重要。與手繪的場景插畫相較之下，我們更需要去意識到 3 種距離之間的比例均衡，適當地誘導觀看者的視線。

近景

畫面的前方，只要伸出手就似乎就可以觸碰到般的距離。因為是最接近前方的部分，需要詳細地描繪細節。考量到空氣遠近法，建議使用相較中景、遠景更深的顏色來呈現。

中景

位於畫面的中央附近的距離。因為比近景遠的關係，不需要描繪細微部分的細節，但要呈現出大致上的質感與立體感。考量到空氣遠近法，使用較近景淡薄的顏色來營造出遠近感。

遠景

畫面的深處，最遠的距離。細微部分已經無法由人眼判別。只需要描繪外輪廓，表現出大致上的光線明暗即可。考量到空氣遠近法，使用較中景淡薄的顏色，彷彿要融入大氣一般。

1-2　思考實際畫面配置

下一節會將「河川」，「建築物」，「森林」這 3 張照片，組合配置成為 6 種不同類型的「近景」，「中景」，「遠景」構圖範例來為各位介紹。讓我們實際觀察配置為各種距離的照片的不同之處，一起思考基本的構圖思維吧。

照片：河川 a

照片：建築物 b

照片：森林

精簡照片量的構圖

在這裏要介紹 6 種不同模式的照片組合搭配的構圖範例。 即使是相同的照片，只要改變配置的距離與位置，就能大幅度改變整個構圖。關於每一種不同的構圖優點、意圖、呈現方式的用心之處以及視線誘導的考量方式，都會在此討論。

此外，我們也會談到不同的組合搭配各種問題點，並提出解決方案。

1　河川（近景）森林（中景）
　　建築物（遠景）
P.38

建築物
森林
河川

2　河川（近景）建築物（中景）
　　森林（遠景）
P.39

森林
建築物
河川

3　建築物（近景）河川（中景）
　　森林（遠景）
P.40

建築物
森林
河川

4　建築物（近景）森林（中景）
　　河川（遠景）
P.41

森林
河川
建築物

5　森林（近景）建築物（中景）
　　河川（遠景）
P.42

森林
建築物
河川

6　森林（近景）河川（中景）
　　建築物（遠景）
P.43

建築物
河川
森林

※範例中的天空都是以「照片：天空（構圖解說用）a」，「照片：天空（構圖解說用）b」組合而成運用。

1 河川（近景）森林（中景）建築物（遠景）

1-1　構圖和視線流向

這是一幅在近景配置河川的構圖，畫面架構給人看起來可以沿著森林繞行至森林後方的感覺。

插畫中的主題

主題是遠景的建築物。

然而，只是配置於河岸的話，未免有些不顯眼，

因此描繪了一座高台，將建築物配置在其上方。

高台上為了要強調建築物，又追加了高聳的針葉樹。

這針葉樹還可以在一直線的單調遠景上，增加韻律感。

1-2　激發觀者想像力

位於畫面左側的森林與河川色彩灰暗，照這樣看來，畫面會變得沉重。此外，畫面中也缺乏足以吸引目光的資訊，有可能形成無意義的空間。於是，便加上一條通往森林深處的道路。除了可以反過來利用森林的灰暗來增加資訊量之外，加上這麼一條可以人行的道路深入森林中，還能引發觀者作出「說不定森林中有什麼東西」的想像或錯覺。如此一來，可以讓插畫看起來比原有的資訊量更加豐富。

誘導視線

視線的出發點是位於近景水面上光線較強的部分，預期觀看的視線流向就依此沿著河川進入深處。

更進一步，被高台與森林包夾的遠景部分，透過大範圍淡淡地模糊處理加強遠近感，確保視線的流向能夠一路直達畫面深處。

追加針葉樹來強調建築物

遠景的線條

大範圍模糊處理

連接到森林深處的道路

視線的出發點

2 河川（近景）建築物（中景）森林（遠景）

2-1 2 種視線誘導

這幅插畫的畫面中水面所占的比例較高。按照這個樣子，感覺資訊量有所不足，因此在水面上加入天空雲朵的倒影，補充資訊量不足之處。

插畫中的主題

主題是中景的建築物。雖然建築物在這個距離來說，資訊量算是足夠，但慎重起見，還是放上針葉樹來加強。更進一步來說，建築物的場景位置突兀地存在於寬廣的空間，已經具備作為插畫主題的條件。

視線誘導

視線會朝向近景的建築物與附近地面的明亮部分前進，沿著河川的明亮部分一直延續到遠景。接下來，再順著河川的流向延續到畫面右側邊緣，最後抵達遠景的森林。在這裏的用心安排，是將遠景右側的森林，朝向畫面深處（由右側朝向左側）以傾斜的角度配置。原本就已經考量到空氣遠近法，讓顏色由右側愈朝向左側愈顯淡薄，再配合這個趨勢加上傾斜配置，就形成宛如透視法般，物體朝向畫面深處縮小的錯覺。藉此營造出強烈的縱深感，暗示河邊的森林的空間還要進一步沿續到更深處，而視線也隨之穿透到畫面的更深處。

2-2 不易淪為無趣的處理技巧

如果朝向遠景一直線穿透的視線誘導太過俐落乾脆，在觀者意識到我們精心營造的鋸齒狀之字形視線誘導前，可能對整幅插畫已經感到厭倦。

因此要藉由細節的用心安排，在視線終點的水平線另一側配置一座山的外輪廓，稍微遮住一些畫面的穿透感。觀看者的視線受到山的外輪廓阻擋，就會流向較低的畫面左側，接著才穿透到畫面深處。

如此一來，可以稍微降低畫面的穿透感，最終能夠緩和插畫讓人感到無趣的程度。

追加針葉樹來強調建築物

右高左低的山脈外輪廓

雲朵的倒影

視線的出發點

3 建築物（近景）河川（中景）森林（遠景）

3-1 視平線為重的構圖

因為建築物的配置占據了近景大部分面積，如果其他部位的配置脫離建築物的透視線，畫面看起來會變得極不自然（若是建築物不像這麼大的話，因為其他部位都是自然物，就算在某種程度上沒有符合透視法也還能交待得過去）。

因此，首先要決定建築物的位置，再由此反推，決定視平線與透視線。而視平線尤其重要。

插畫中的主題

主題是近景的建築物。對於決定透視線而言，此位置也相形重要。

誘導視線

視線會朝向近景的建築物與附近地面的明亮部分前進，沿著河川的明亮部分一直延續到遠景。接下來，再順著河川的流向延續到畫面右側邊緣，最後抵達遠景的森林。

在這裏的用心安排，是將遠景右側的森林，朝向畫面深處（由右側朝向左側）以傾斜的角度配置。原本就已經考量到空氣遠近法，讓顏色由右側愈朝向左側愈顯淡薄，再配合這個趨勢加上傾斜配置，就形成宛如透視法般，物體朝向畫面深處縮小的錯覺。藉此營造出強烈的縱深感，暗示河邊的森林的空間還要進一步沿續到更深之處，而視線也隨之穿透到畫面的更深處。

3-2 主體資訊量不足

作為畫面主體的近景建築物，稍微有些問題。

在構圖上，建築物的左側裁切在畫面之外，被裁切不是問題本身，而是資訊量因此大幅減少，又因為壁面的細節描寫較少，感覺起來作為主體略嫌不足。

解決方案是可以在建築物上加上窗戶或門扉之類，增加新的細節即可。

④ 建築物（近景）森林（中景）河川（遠景）

4-1 場景位置的趣味性

與「③建築物（近景）河川（中景）森林（遠景）」相同，建築物占據畫面的面積相當大，但因為只出現了建築物的局部，即使沒有嚴格考量透視法的規則也沒有問題。

此外，左側的森林、道路的斜坡以及河川的部分高低落差很大，這是在配置上刻意不讓其他的部分與建築物存在於同一個平面上。

插畫中的主題

這幅插畫中並不存在主體的部分，而是透過「自高台上的城鎮，向下俯視河川（水面）」這樣的有趣場景來形成畫面的結構。

誘導視線

視線從近景的右側沿著斜坡而下，再轉向河川，朝遠景穿出畫面。之所以不將斜坡路的連接處展現出來，而將畫面各處隱藏起來，是因為如此較能感受到距離感。

如果直接連接起來，距離感就只有眼前所見之處而已，若是隱藏遮蓋起來，就可以讓觀者感覺一路上似乎還有其他道路連接至別處。

不過，即使將過程隱藏遮蓋起來，也必須讓道路配置得看起來確實能夠連接起來，否則視線就會迷失，成為一幅讓人不知所措的插畫。

4-2 激發觀者想像力

在視線的出發點位置描繪出幾何形狀的陰影，暗示著畫面前方的更前面也存在著建築物。藉此能夠讓觀看者感覺整幅插畫的場景一直擴展到畫面之外，如此即使畫面內僅配置了一部分的建築物，仍能讓觀看者意識到眼前只是廣大城鎮的一部分。像這樣的用心安排，就如同「②河川（近景）森林（中景）建築物（遠景）」中增加的森林道路，可以激發觀者的想像力，以及令人期待的興奮感。

加大高低落差的配置方法

視線的出發點

藉由描繪陰影來暗示畫面外的物體，使觀眾感受到插畫的開闊感

5 森林（近景）建築物（中景）河川（遠景）

5-1 注意明暗的節奏感

由主體的建築物開始視線誘導來到陰暗部分再延續到水面的明亮處，是一幅可以體會到明暗韻律感，令人感到暢快的構圖。

近景的森林安排在相當近的位置，因此接下來的中景建築物可以配置在較前方處（倒不如說森林是最近景，建築物才是近景，而河川在畫面前方那側是中景，對岸的森林是遠景）。

插畫中的主體

主體是中景的建築物。如果是配置在如此前方的建築物，不管是畫面的占有面積也好，細節也罷，建築物單體就能夠擔任插畫主體這個重責大任。不需

要如同「②河川（近景）森林（中景）建築物（遠景）」一般，還得加上針葉樹來補強資訊量的必要。

誘導視線

因為將近景左側的亮度強化了的關係，視線會由此處開始活動。照這個樣子，進入陰影落下的陰暗部分，接著來到乍然變得明亮而且穿透畫面的水面。水面上的反光配置成為朝向遠方延伸的狀態，視線也會沿著光線，隨之到達遠景。

5-2 視線誘導的問題點

乍看之下，構圖似乎沒有問題，但實際上視線的終點有些問題。視線到達遠景之後，原本的計畫是繼續將誘導視線沿著勉強可見的河川，一直延續到右側呈現淡薄模糊的部分，但這幾乎只是橫向的移動，並沒有朝向畫面深處進展。如果是近景或中景等等，視線尚在移動的過程中，橫向的移動也無不可。但若是視線到達終點的時候出現這樣的狀態，就無法感覺到「畫面的穿透感」，縱深略嫌不足，而且還會感覺到過於狹隘。解決方案如下：將遠景森林的邊緣線任一部分調整成較低，視線就會從那個地方穿透至深處。

視線的出發點

明亮部分→陰暗部分→明亮部分，營造出明暗的韻律感

6 森林（近景）河川（中景）建築物（遠景）

6-1 負面教材的構圖方式

畫面中的問題點有好幾種，形成負面教材的構圖方式。

誘導視線

視線的出發點是在近景的地面，然後照這個樣子經過河川，來到建築物後移向左側深處。至於在中景也要配置森林的原因，是因為如果缺少障礙物的話，視線會直接朝左側深處一直線跳過去。如此一來，視線的移動會變得單調，成為一幅讓人略感不足的插畫。

插畫中的問題點

這幅插畫的問題點是缺少作為主體的視覺重點，而森林的面積又過大。

6-2 問題點的解決方法

作為問題點的解決方案，可以在森林的部分增加吸引目光的資訊，這麼一來也同時考量到了面積的問題。

舉例來說，可以增加新的建築物。

如果只是缺少插畫的主體，如同「②河川（近景）森林（中景）建築物（遠景）」一般，可以想辦法凸顯遠景的建築物，但這樣還是沒有解決近景森林的面積占有率問題。

近景的森林並沒有特別可看之處，卻占據了畫面的大部分面積，成為無意義的配置。與「②河川（近景）森林（中景）建築物（遠景）」相同，畫面中有關於森林的描寫，但對近景來說，只有這樣是無法成視覺重點。

中景的河川具備的資訊量也不多，到頭來反而因為森林將畫面右側大範圍遮住的關係，觀看者也無法掌握河川的流向。建築物的部分增加了針葉樹，稍微有集中視線的效果，然而這樣作為主體的吸睛度顯然不足。

在中景也配置森林　　　　視線的出發點

43

③ 以照片為中心進行構圖

由此開始正式地使用照片來描繪插畫。這幅插畫幾乎只有以照片組合搭配來進行畫面的架構。主題是「日常與非日常的對比」，使用的照片選擇自平常就能夠拍攝到的日常風景。只有作為畫面主體的遠景太空船以手工描繪，目的是要強調兩者之間的對比。在這裏，請確實地學習照片的組合搭配方式，以及照片之間連接部分的處理方法。為了要提升完成度的細節描繪方式，請參考第 5 章的第 132 頁～第 139 頁。

📷 本項所使用的照片

照片：建築物 c

照片：天空 a

照片：建築物 d

照片：建築物 c

照片：電線桿

照片：地面・道路

照片：建築物 e

照片：天空 b

照片：天空 c

照片：建築物 f

照片：河川 b

照片：遠景建築物 a

照片：遠景建築物 b

本項的目標效果

本項要為各位解說 Photobash 的基礎技法，也就是以照片插畫完成印象草稿的製作手法與考量方式，和使用照片來進行構圖技巧。

製作過程由次頁開始 ▶

1 配置照片製作草稿

1-1 思考作為整體畫面基底的照片配置

與一般場景插畫的製作過程相同，預先在心中想像插畫的完成形象很重要，即使只是模糊的形象也沒關係。進一步來說，就算是草稿也沒關係，請務必將心中思考的形象輸出。如果只是停留在腦海中的形象，隨著描繪的進展，形象會逐漸模糊，實際上著手進行的話，有可能還會不斷地浮現無預期的點子或靈感。這次我們使用的技法是 Photobash，因此要以照片的配置為中心來製作草稿。

首先要決定出作為插畫整體基底的「照片：地面‧道路」的配置。

接下來，一邊配置各種不同的照片，一邊進行畫面架構，多方重覆嘗試直到形象成形為止。

此外，在草稿的階段，只要能夠掌握完成時的形象即可，照片位置與裁剪處理得簡略些也沒有關係。

關於照片的配置與裁剪，也請一併參考第 27 頁。

A 依照【檔案】選單→【讀取】→【圖像】的步驟，讀取「照片：地面 a」。讀取的照片請務必執行【點陣圖層化】處理。

照片：地面‧道路

視平線

B 這次考量到要在遠景描繪巨大太空船的外輪廓，因此將讀取的照片配置在畫面左下側。與一般的風景插畫相同，要仔細考量「視平線」的位置。

C 以「選擇範圍」工具的「長方形選擇」來建立照片右半側的選擇範圍，再以「操作」工具的「物件」來移動至右側，拓寬中央的道路。

要使用「主要塗色」等的筆刷，大略地補充描繪加寬的部分，以確保看得出來畫面中央存在著一條道路，接著將照片右邊的一部分複製＆貼上在畫面右側的白色部分，再以【編輯】選單→【變形】→【自由變形】（第 26 頁）來放大並拉長延伸。像這樣即使只將照片配置在畫面的一部分，就能夠確保不會忘記心中所設定的完成印象。

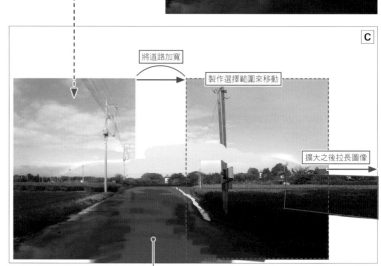

將道路加寬

製作選擇範圍來移動

擴大之後拉長圖像

使用筆刷描繪補充

活用圖層資料夾

執行【圖層】選單→【新圖層資料夾】，可以建立整合管理圖層的資料夾。像這樣透過圖層資料夾的活用，讓圖層的管理變得更加容易。

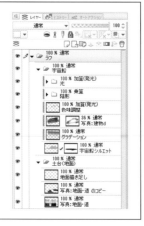

將讀取的照片進行點陣圖層化處理

讀取的照片如果不進行點陣圖層化處理，便無法進行細微的編輯。在圖層面板上，以滑鼠右鍵點擊照片的圖層，執行【點陣圖層化】（或是【編輯】選單的【點陣圖層化】）。點陣圖層化完成後，圖層 標示會消失，如此便可以進行描繪或刪除圖層一部分等編輯動作。

點擊右鍵

ラスタライズ(Z)

1-2　思考作為畫面主體的太空船配置

將插畫主體的太空船大面積地配置在遠景中央。並且以手工描繪太空船的外輪廓，藉此與使用照片的寫實場景形成落差。將大樓照片貼上太空船，製作成局部的細節。光亮及陰影的印象也要在這個時候決定下來。

A 透過色環面板（第 20 頁）來選擇顏色，以「主要不透明」的筆刷描繪太空船的外輪廓。由上部朝向下部，淡淡地進行漸變貼圖處理使其融入周圍。

B 讀取「照片：建築物 d」。

C 將讀取的照片旋轉、變形，使其配置在與外輪廓相符的位置。

D 決定好照片的配置之後，執行「用下一圖層裁剪  」，將照片剪貼至太空船的外輪廓上。如此一來，照片就會直接成為太空船的細節。使用「相加（發光）」、「色彩增值」的合成模式，將光亮與陰影的印象也大略地描繪上去。原則上使上部變得較明亮，而下部變得較灰暗即可。

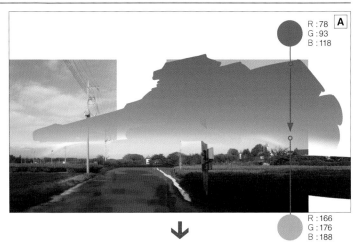

A
R：78
G：93
B：118

R：166
G：176
B：188

C

照片：建築物 d　B

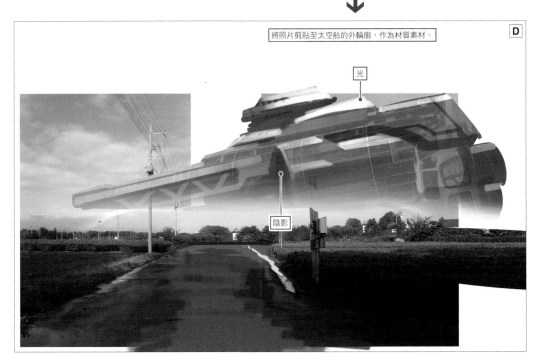

D

將照片剪貼至太空船的外輪廓，作為材質素材。

光

陰影

1-3　天空的初步設定

製作草稿的目的是用來掌握完成形象，只要完成大略地插畫即可，因此在這裏使用的是暫時選用的照片。最終是要以數張照片組合搭配之後架構成為天空。畫面的右側邊緣因為照片尺寸不夠大，需要用筆刷補充描繪。

照片：天空（草稿用）

A

A 讀取「天空（草稿用）」。
這個時候還無法決定細微的雲朵形狀，使用的是暫時選用的照片。

B 將讀取的照片變形處理後進行配置。
右側邊緣的不足部分，以「雲　軟」或「雲　硬」、「雲　朦朧」的筆刷補充描繪。

B

使用筆刷補足描繪

1-4　思考建築物的配置

畫面看起來有些沉悶，因此要再配置一些建築物。
左側的建築物似乎遭到損毀，看起來呈現傾斜的狀態。「太空船出現之後，是否對地面上造成了什麼樣的危害？」像這樣激發觀者的想像力，目的是為了能夠更加深化插畫中世界觀的表現。
此外，右側畫面前方的建築物照片（建築物（草稿用））在製作的過程中，感覺和預期的情境不怎麼搭配，因此替換成為其他的照片。像這樣，隨著插畫描繪的過程進展，會浮現出新的點子與靈感，有時最後呈現出來的狀態，會和預期的形象不盡相同。因此，並不須要「在草稿階段就必須好好地決定細節」。

然而，也不是說心中可以沒有任何形象，就這麼模糊地進行描繪就好。心中經常保有完成的形象是很重要的。在草稿階段，可以將重點放在「掌握完成後的形象」，進而完成整體的畫面架構。

A 讀取數張建築物照片，重覆調整尺寸與位置多方嘗試各種不同的配置。

照片：遠景建築物 a

照片：遠景建築物 b

照片：建築物 f

左右反轉處理後配置

A

照片：建築物 c

照片：建築物（草稿用）

左右反轉處理後配置

＊照片是使用圖層蒙版（第 24 頁）後，大略裁剪下來。

1-5　思考電線桿的配置

實際製作的時候，電線桿會使用照片製作，但原本就計畫要處理成外輪廓剪影，因此為了減少步驟，這裏先以筆刷描繪即可。

電線桿的描繪位置，與作為主體的太空船中心部分的外輪廓重疊，乍看之下似乎造成妨礙。

但這是刻意製造出來的效果。如此處理之後，可以傳達出眼前的場景並非為了太空船而準備，「場景原本就在那，是後來才出現了太空船這個異物」這樣的訊息。

描繪電線桿的外輪廓

＊這裏為了方便解說，暫時將電線桿以外的顏色調淡。

A 透過色環面板選擇顏色，以「主要不透明」的筆刷描繪電線桿的外輪廓。

R：44
G：48
B：40

100 % 通常
電柱
▶ ☐ 100 % 通常
建物
▶ ☐ 100 % 通常
宇宙船
▶ ☐ 100 % 通常
空
▶ ☐ 100 % 通常
地面

1-6　顏色的初步設定

單單只是將照片配置上來的話，畫面整體會留下很重的照片感。要想減少這個照片感，就要將色調處理成插畫風格。

此外，這時就要考量，在最終步驟要增加的女孩位置。而這個女孩並非插畫的主體，充其量是形成太空船與日常生活間對比強調的要素。

到此為止，草稿就算是完成了。

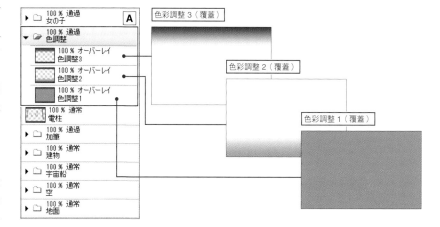

A 建立一個色彩調整用的圖層資料夾，然後在其中建立合成模式（第 21 頁）「覆蓋」的圖層，以此統一各張照片的顏色差異，並將過於陰暗的部分調整變得明亮來減少照片感。再進一步增加天空的藍色對整體色調的影響來呈現出插畫風格。將圖層資料夾的合成模式設定為「通過」，如此一來資料夾中的圖層的合成模式效果，也可以適用於資料夾之外的圖層。

B 在畫面上增加一個女孩，強調太空船與日常生活形成的對比。

暫時先將女孩的圖層設定為不顯示，最終階段再來描繪細節（第 139 頁）。

人物角色一定要手工描繪

不管照片使用得如何淋漓盡致，人物角色請務必以手工描繪。照片的人物若非與畫面搭配得極為恰當，容易顯得突兀。

手工描繪一個女孩，強調出太空船與日常生活的對比

2 製作插畫的基底部分

2-1 以草稿為基礎，配置照片形成整幅插畫的基底

當草稿的製作已可滿意，並且掌握完成形象後，接下來就正式進入作業步驟。
由此開始，重新將照片讀取後以草稿為基礎進行配置及畫面架構。
首先，讀取作為插畫整體基底的「照片：地面・道路」來進行配置。
照片配置完成後，與草稿的流程相同，將中央道路加寬。

照片：地面・道路 **A**

以草稿為基礎，配置「照片：地面・道路」 **B**

視平線

A 重新讀取「照片：地面・道路」。
讀取的照片請務必執行【點陣圖層化】處理。

B 將讀取的照片以草稿為基礎，配置於畫面上。與「 1-1 」相
同，將中央的道路加寬。

C 另外建立一個不同於草稿的圖層資料夾，將配置的照片圖層
都放入其中。
接下來也都要將彼此有關連性
的圖層分別建立圖層資料夾，
一邊整合一邊進行作業。

C

2-2 填補道路加寬後留下的空白部分

在草稿階段，是以筆刷大略地補充描繪道路加寬後所形成的空白，
這裏則是將道路的一部分複製、放大後，再橫向拉長延伸，將道路的外觀修飾成沒有違和
感。
以淡化模糊處理消去加寬後的道路底下的照片重疊部分與邊緣部分，使其融入周圍。這個時
候，為了要讓後續還能夠進行微調整，請務必以建立圖層蒙版的方式執行刪除。首先，要針
對畫面前方部分進行作業。

A 建立道路的一部分的選擇範圍，然後複製＆貼上。

B 將複製完成的道路以【編輯】選單→【變形】→【自由變形】橫向放大並拉長延伸。建
立圖層蒙版，淡化模糊處理消去照片之間重疊部分與邊緣部分，使其融入周圍。

A

將這個部分複製＆貼上

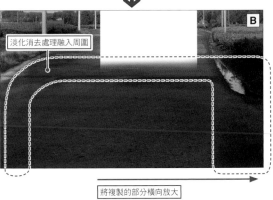

B

淡化消去處理融入周圍

使用圖層蒙版來進行刪除

將複製的部分橫向放大

2-3　填補地面的空白部分

道路深處的部分與畫面前方的處理方式相同。
之所以要將畫面前方與深處的處理步驟分開，是因為
一口氣放大的話，畫面的細節會變得單調。進一步
說，相同的拉伸放大處理，也會影響到遠近感的表
現。

畫面的右側邊緣也以相同的方式處理，複製一部分，
再橫向放大。這個部分最終要貼上其他照片，幾乎都
會被隱藏遮住。因此不需要區分畫面前方與深處，大
略地處理即可。

A 道路的深處、右側邊緣也和「 2-2 」的工程相
同，複製照片的一部分，橫向放大後拉伸延展。
淡化模糊處理消去照片的重疊部分與邊緣部分，
使其融入周圍。

複製後放大

複製後放大

2-4　將需要的部分裁剪下來

將天空與電線等等照片的無用部分刪除，只裁剪下需要的部分。
裁剪作業時，請不要以橡皮擦一下子直接刪除，而要使用圖層蒙版，後續還可以進行微調。
樹木部分雖然需耐心仔細將輪廓裁剪下來，但我們的目的只是要建立一個具備細節的外輪廓，因此不需像處理天空與樹木的邊緣那麼嚴格。

A 新建立圖層，描繪出照片無用部分的輪廓線，再將此範圍
填充塗色處理。

B 在 **A** 填充塗色完成的圖層的快取縮圖上，以「 Ctrl ＋點
擊滑鼠左鍵」建立選擇範圍。

C 選擇剛剛進行插畫基底部分作業的圖層資料夾，再執行
【圖層】選單→【圖層蒙版】→【在選擇範圍製作蒙
版】。如此一來，就能將需要部分裁剪下來。

D 天空與樹木的邊緣線不需要嚴格地消除輪廓線，因此大略
裁剪即可。

Ctrl ＋點擊滑鼠左鍵來建立選擇範圍

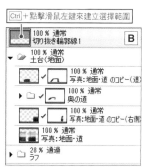

使用圖層蒙版來裁剪

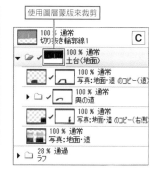

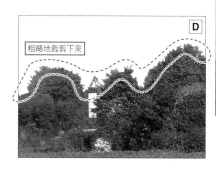

粗略地裁剪下來

2-5 手工作業難以裁剪的部分，以「色域選擇」來處理

樹木枝葉間的部分，若以手工裁剪相當困難，使用「色域選擇」（第 23 頁）來
建立選擇範圍，將不要的部分刪除即可。
所有的裁剪作業結束後，深處的樹叢的不足部分，使用複製與變形處理來填補，
如此一來，作為整體畫面基底的地面部分就完成了。

A 執行【選擇範圍】選單→「色域選擇」。

B 在手工作業不易裁剪的部分（這裏指的是天空的水藍
色部分）點擊滑鼠左鍵，建立選擇範圍。

C 以色域選擇建立的選擇範圍，處於尚未進行邊緣柔化
處理的狀態，
因此要以【選擇範圍】選單→【邊界暈色】，數值設
定為「2～4px」，來將邊緣暈色柔化處理。

點擊選擇天空的水藍色部分

D 建立圖層蒙版，將選擇範圍以橡皮擦工具刪除。如果
用 Delete 鍵一口氣刪除，有可能會有意料之外的部
分也被選擇起來遭到刪除，因此請小心處理。

E 道路的深處，從右側複製樹叢來填補。這麼一來，畫
面整體的基底部分就完成了。

將模糊處理完的選擇範圍以橡皮擦仔細地刪除

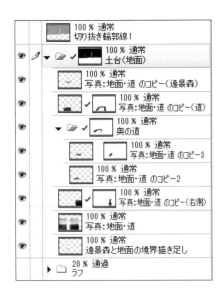

複製

③ 製作天空

3-1　描繪插畫中主體太空船的外輪廓

進入天空的作業之前，先描繪太空船的外輪廓。之所以要先描繪太空船的外輪廓的原因，是因為這個外輪廓會對雲朵的配置有很大的影響。手工描繪部分在這幅插畫的部分很少，因此請專心地描繪吧。

將「 1-2 」描繪的草稿作為底圖，描繪這個巨大的外輪廓，並在其中以充滿韻律感的筆觸，加入細節。

整體的外輪廓稍微有些矮胖，原本應該將縱向的顏色調淡一些比較好看，但之後要在太空船底下配置遠景的大樓，還要以下方為起點，進一步以較淡的顏色進行漸變貼圖處理，考量到縱向的顯示面積會因此減少，結果才決定設計成這個形狀。

A 在描繪了地面的圖層資料夾之下，建立新圖層資料夾。一邊在其中建立圖層，一邊在遠景描繪太空船。這個時候只要先描繪外輪廓即可。

B 與草稿的時候不同，細節也要描繪出來。

將細節也描繪出來　B

R：52
G：48
B：99

3-2　配置天空的照片

天空使用的照片與草稿所使用照片不同，而是配置另外的照片。

為了配合「 3-1 」描繪的太空船外輪廓，選擇了具有深度變化的雲朵照片。

此外，在這裏配置的天空照片，是以智慧型手機的全景拍攝功能拍出來的照片。

A 不同於草稿，讀取另外的「照片：天空 a」。

B 雲朵的配置方式，彷彿朝向畫面中心集中一般。

＊這裏為了方便解說，將太空船的外輪廓調整成半透明。

3-3　填補天空的空白部分

只以「 3-2 」配置完成的照片，會在畫面的縱向形成空白，因此要
將不足部分以其他的照片進行填補。

A 讀取「照片：天空 b」，左右反轉（第 26 頁）後配置在左側
的空白部分。

B 讀取「照片：天空 c」，配置在右側的空白部
分。

3-4　調整天空不自然的部分

如果只是直接配置照片填補空白部分，會形成不自然的部分，因此要進行調整。

A 以調淡模糊處理的方式，消去不同照片的重疊部分，使其
融入周圍。

B 因為照片重疊部分的連接處還是不夠自然，使用合成模式
「覆蓋」或「相加（發光）」的圖層，一邊將顏色漸漸調
亮，一邊使其融入周圍。右上方的電線等不要的部分，使
用【色彩混合】工具的「複製圖章」來修飾（請參考下一
頁的 Point。）

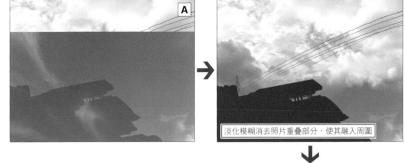

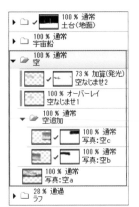

3-5 配合天空的色彩改變太空船顏色

配合天空的色彩,變更太空船的外輪廓顏色。
更進一步以下方為起點進行漸變貼圖處理。
以下方為起點進行漸變貼圖處理,一方面是為
了要融入後面的天空,一方面是為了要強調畫
面前方森林的外輪廓,營造出遠近感。

A 在太空船的外輪廓上建立圖層後,執行
「用下一圖層裁剪 ⬭」,讓顏色重疊。
調整重疊後顏色的不透明度,使其成為與
天空搭配的顏色。
進一步,在其上建立圖層,再執行漸變貼
圖處理。漸變貼圖處理是由淡灰色~透明
色。

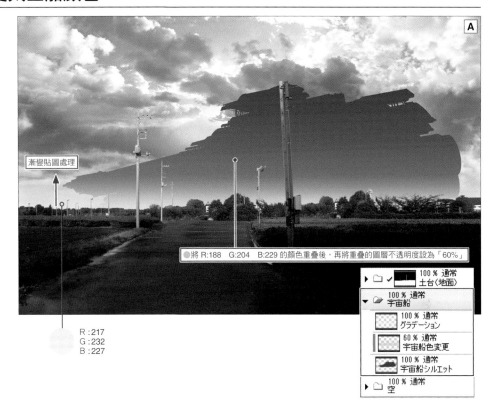

漸變貼圖處理

●將 R:188　G:204　B:229 的顏色重疊後,再將重疊的圖層不透明度設為「60%」

R:217
G:232
B:227

Point

複製圖章的使用方法

「複製圖章」是將圖像的指定部分複製後,轉印至另一個不相連位置的工具。
可以用來將照片不要的部分一邊融入周圍,一邊將其消去的方便工具。以下是使用步驟。

A 選擇【色彩混合】工具→【複製圖章】。
B 按住 Alt 鍵,並以滑鼠左鍵點擊照片中要轉印複製的部分。
C 在不要的部分上拖移滑鼠游標。如此就能將照片的一部分轉印到這個位置。
D 重覆 B、C 的步驟,將不要的部分一邊消去,一邊使其融入周圍,消除違和感。

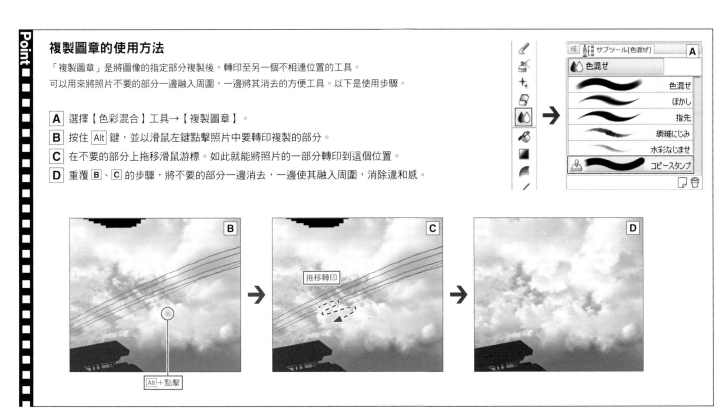

Alt+點擊

拖移轉印

4 將建築物配置在各個部位

4-1 建築物配置不需在意透視

以「 1-4 」製作的建築物配置形象為基礎，重新配置建築物的照片。
左側的建築物毀損傾倒，變成不是水平的狀態。右側的建築物因為面向正前方的關係，即使不去在意縱深的透視圖法，畫面看起來也不會不自然。對於像這樣並非插畫主體的部分，配置時不需考量透視法，可以減少作業量。

照片：建築物 f

A 讀取「照片：建築物 f」，左右反轉後配置於畫面右側。
這張照片因為是面向正前方，不需在意透視法，看起來也不會不自然。

照片：建築物 c

B 讀取「照片：建築物 c」，傾斜配置於畫面左側。
營造出建築物受到太空船落下的影響而毀損傾倒，變成不是水平狀態的印象，此處在配置時同樣不需在意透視法。

將不要的部分刪除，只裁剪下建築物

將建築物的一部分複製＆貼上，變形後填補空缺

C 以「 2-4 」相同的步驟，只將建築物裁剪下來。
為想要使用的部分有拍到其他的建築物及看板，所以要與「 2-2 」相同，部分複製＆貼上後再變形填補空缺處。

4-2 配置符合畫面場景的照片

配置於右側的畫面前方的照片，在草稿階段使用的是古宅風格的房子照片。
隨著作業的進展，古宅風格的房子在畫面上顯得突兀，感覺和預期的場景環境稍微不搭，因此變更為泛用的老舊建築物。

A 與草稿階段不同，讀取另外的「照片：建築物 e」的照片。

照片：建築物 e

B 將讀取的照片左右反轉後，配置於右側的畫面前方。與其他部位相同，將不要的部分刪除後，裁剪建築物。柵欄的間隔需要耐心地、小心地刪除。此外，請注意這個建築物如果配置時不考量到透視法的話，整個畫面會變得不自然（請參考下一頁的 Point）。

4-3 配置遠景的大樓群

遠景的大樓群也以先前相同的步驟進行配置。
這些大樓群因為接近視平線，本身受到透視法的也影響不大，只要外觀看
起來自然，就沒有必要按照嚴謹的透視法去配置。

照片：遠景建築物 a　**A**

照片：遠景建築物 b　**B**

A 將「照片：遠景建築物 a」配置在畫面遠景的左側。

B 將「照片：遠景建築物 b」左右反轉後，配置在畫面遠景的右側。

C 進行剪貼時，要有耐心地仔細作業。

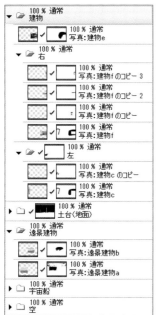

具備透視線的照片的配置方法

雖說 Photobash 的畫面架構是以照片為主體，但並
不改變其作為插畫的本質。
只要是風景插畫，就必需考量到透視法。
如果是像「 4-1 」的正面照片或是傾斜配置的照片，
的確不需要在意透視法，但如果是像「 4-2 」的情
形，若是亂無章法地將照片配置在畫面上，就會成為
一幅沒有整合性的插畫。因此，首先要確實地決定出
畫面上「視平線」的位置。
視平線決定之後，再將「 4-2 」那樣本身具備透視線
的照片，配置於設定好的視平線上。

消失點

視平線

5 製作水面

5-1 加入新的創意設計

接著要將左側的建築物浸泡在其中的大水池，以及畫面前方的
道路上為了豐富畫面而規劃的積水處配置上去。這是參考原始
檔案「照片：地面 道路」中的積水處，所引發的創意。隨著
描繪的過程中，經常會浮現像這樣的新點子與靈感。

同時也是為了修飾左側建築物的接地面所做的用心安排。雖說
是為了修飾，然而對結果而言，畫面整體的資訊量有所提升，
也成為增加插畫完成度的一石二鳥作業。

左側建築物下方　　　　　　　道路的前方

A 將水面的外輪廓描繪在左側的傾斜建築物下方，以及道路
的前方。

B 讀取「照片：河川 b」的照片。

C 將讀取的照片配置在 A 描繪的水面外輪廓上。

D 將讀取的照片執行「用下一圖層裁剪 」，
剪貼至水面的外輪廓上。
因為水的顏色稍微帶些綠色，再以合成模式
「濾色」的圖層或色調補償圖層（第 25 頁），
使其更接近藍色。

6 配置電線桿

6-1 以草稿為基礎，配置電線桿照片

以「 1-5 」描繪的外輪廓為基礎，配置「照片 電線桿」。所有的電線桿都是以相同的照片放大·縮小後貼上。

雖然各自使用不同的照片貼上，比較能營造出變化，但一方面耗費工夫，又對於插畫的整體沒有太多影響，最後決定使用相同照片處理即可。電線桿若是垂直立於地面，反而看起來不自然，因此要一邊在某種程度上考量朝上方向的透視線，一邊進行隨機性的傾斜配置。

A 讀取「照片：電線桿」。

B 以草稿描繪出來的外輪廓為基礎，將照片各自放大縮小後配置在畫面上。一邊考量朝向上方的透視線，一邊將照片隨機傾斜配置。

照片：電線桿 **A**

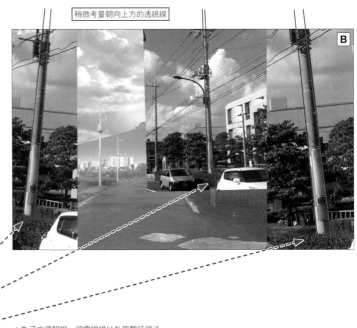

稍微考量朝向上方的透視線 **B**

＊為了方便解說，將電線桿以外都暫時調淡

6-2 將電線桿裁剪下來

與其他部位相同的步驟，將不要的部分刪除，裁剪下電線桿部分。

電線稍後會在描繪細節時重新描繪，除了將直接可留用的畫面前方的部分電線保留下來外，其他部分都刪除。

進一步發覺到右側畫面前方的建築物尺寸與電線桿相較之下顯得過小，因此將其放大。配合這個調整，也將畫面深處的建築物朝向左側錯開一些。

本來最好是將所有照片的位置都確定下來後，再進行照片的配置。但往往實際上並沒有那麼順利，因此如果畫面上有不滿意的部分，請盡量調整修飾無妨。

A 與「 2-4 」的步驟相同，將不要的部分刪除後，裁剪電線桿。電線桿的接地面後續還會進行修飾描繪，因此粗略地裁剪即可。

B 中央的電線桿，使用原本照片中就有的電線桿調整形狀後補填加工。接合面以橡皮擦處理至彷彿淡淡地漸變貼圖處理，使其看起來自然。

C 將右側畫面前方的建築物尺寸放大後進行調整。放大處理時，仍要隨時考量視平線和透視線。配合放大的建築物，將畫面深處的建築物向右側挪開。像這樣，當畫面的整體配置已經明確之後，請積極地進行修正調整。

A

電線桿的接地面還要後製處理，粗略裁剪即可

		100 % 通常 電柱
	✓	100 % 通常 写真：電柱 のコピー 2
	✓	100 % 通常 写真：電柱 のコピー
	✓	100 % 通常 写真：電柱
		100 % 通常 建物
		100 % 通常 水面
	✓	100 % 通常 土台(地面)
		100 % 通常 遠景建物
		100 % 通常 宇宙船
		100 % 通常 空

B

加上淡淡地漸變貼圖處理，使其融入周圍

C

稍微挪向右側

稍微放大處理

7 將照片貼在太空船的外輪廓上

7-1 貼上照片，加上細節處理

與草稿的「 1-2 」步驟相同，將大樓的照片貼在太空船的外輪廓上，加上細節的處理。

配置時不光是考慮到增加畫面資訊量以及質感，如果能同時強調出立體感就更好了。

A 讀取「照片：建築物 d」。

B 與「 1-2 」的步驟相同，旋轉讀取的照片，使其能夠與太空船的外輪廓重疊配置。配置時，刻意利用大樓的結構深度來強調出立體感。

以畫面深度營造立體感

C 將配置的照片執行「用下一圖層裁剪 」，剪貼至太空船的外輪廓。這麼一來，照片就直接成為太空船的細節。

7-2 讓貼上的照片融入周圍

將「7-1」貼上的照片不透明度降低至半透明，並將邊緣淡淡地消去。
如此一來，就能夠融入太空船的外輪廓，進一步強調出立體感。
此時也要使用圖層蒙版來進行消去處理，以便後續還能進行調整。

A 將剪貼下來的「照片：建築物 d」
不透明度降低至半透明，再將太空
船的邊緣以圖層蒙版的方式淡淡消
去。如此一來，外輪廓便能融入畫
面整體，凸顯出立體感。

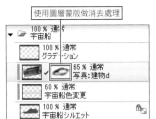

7-3 完成以照片形成的畫面架構

到這裏大致上照片的配置已經告一段落，畫面架構也就完成了。作品已經具備了場景插畫的「近
景」「中景」「遠景」這些畫面架構上的基本要素。雖然整體還殘留一些照片感，但也因為受惠
於照片所具備的細節，看起來已經是一幅完成度相當高的作品。由此開始要進一步提升插畫的完
成度，進行局部的細節描繪以及色彩的調整。不過先以完成至此階段為目標吧。

Point

處理照片連接的部分

以 Photobash 製作插畫最困難
的環節，就是要處理各張照片
之間的連接部分。像是接地面
或照片重疊連接的部分，必須
要重新修飾加工，或著是模糊
暈色處理進行調整。

若是想要減輕這個耗費工夫的
處理負擔，可以利用將照片的
接地面以其他照片隱藏遮蓋的
技巧。此技巧不僅限於這幅插
畫作品使用，透過刻意在照片
的前方配置另一張照片，將接
地面隱藏遮蓋起來，既可以節
省處理接地面的時間與精力。
又能夠透過照片的前後感來強
調出遠近，可說是一石二鳥。

後續接第 132 頁

COLUMN

照片版權

Photobash 的基本和最重要的地方，就是使用照片的準備工作。

針對照片而言，不管是拍攝對象也好，照片本身也好，都會產生所謂的「版權」。如果使用前不先確認版權無虞的話，就可能會違反肖像權或著作權，更可能因此受罰。

除了對插畫家個人來說是傷害以外，對業界整體來說也是明顯傷害信譽的行為。一旦違反這個禁忌，當事人並非只會受到法律層面的處罰，還可能因為業界內部的自清行動，而招致同業者或客戶業主的嚴重非難。到了那時，會受到如何的處置，已是另一個話題，在此暫且不提。到頭來，光是引發版權問題的那一瞬間，對於插畫作家這個極為重視信用的職業而言，就已經形成重大打擊。是否真有違法，已不是那麼重要。

像這樣的的問題，可以舉「使用網路上取得的照片」這個在我們身邊有可能發生的案例，來說明這個問題的嚴重性。

最近因為擅自使用照片遭人發現，而被追究責任的案例不斷增加。特別在現今社會當中，諸如 SNS（社群網站）這種使用者具備強烈向心力的社交平台，就會經常爆發所謂的「論戰」。我們無論如何都應該要避免陷入那種狀況的風險（在討論風險管理之前，行為本身已經是違反道義了。前提應該是不去做那樣的事情）。

在這樣的社會氛圍當中，在發案委託製作插畫時，有愈來愈多的客戶業主會詳細追究照片出處。視情況而定，有些案件就算禁止使用照片也不稀奇。

對於 SNS 或個人網頁上可以取得照片，我們就以「絕不要使用在網路上取得的照片」為原則吧。

此外，也有很多在網路上免費公開，而且同意可以使用的照片。不過像那樣的照片，有可能會因為版權被其他的版權團體買下後，產生新的版權，變成無法繼續使用。當然，若我們在不知情的狀況下，不慎去使用到那些照片的話，也會形成問題。

想要在插畫中使用照片時，只要將照片來源限制在「自己拍攝的照片」或是「朋友、認識的人拍攝下來的照片，並有正式獲得使用許可」這樣就沒有問題了。

至於拍攝對象，基本上只要是「在公共道路上拍攝的照片」，就沒有使用上的問題。

然而，就算是在公共道路上拍攝的照片，如果可以明確指出他人的容貌，可能會侵害個人隱私的照片，請避免使用。

此外，如果照片的使用方法是可以具體認出地點（比方說大樓看板、外形、車輛牌照等等）的時候，有可能需要個別取得許可才能使用。本書中所使用的京都府「伏見稻荷大社」、茨城縣「小貝川交流公園」所拍攝的照片，都有取得所有版權者的許可後才加以使用。

諸如此類，有很多拍攝對象可能會另外發生版權的情形，也請多加注意。

筆者自己在公共道路上拍攝的照片，不需要取得許可。

若是十字路口的全景就沒有問題，但如果是出現看板等可以認出是哪棟大樓時，使用上就需要注意了。

第**3**章

照片局部作為素材使用

照片素材的使用方法與特徵

本章的解說重點，不同於前章是著重於將照片大面積地配置在畫面的使用方法，而是針對將照片作為組合零件的詳細使用方法。在進入製作過程的解說前，首先要對以照片來描繪場景插畫時，經常使用到的固定素材描繪方法進行解說。使用照片的好處是能在短時間內描繪出高品質的複雜形狀物。當然，不使用材質素材描繪也有其優點，因此在本章會與手工描繪的情形做比較。請確認兩者間的特徵與不同之處。

1 雲朵

1-1 使用場合廣泛的素材

雲朵的照片是使用範圍廣泛的素材。除了可以直接用於天空以外，也可以轉作霧氣或煙霧使用。此外，只在畫面深處的雲朵使用時，可以讓插畫的整體畫面更加融合，降低照片感。或是用來營造出使遠景看起來朦朧的空氣層，強調出符合空氣遠近法（第 34 頁）的遠近感。即使是絲毫沒有特色的景，只要天空描繪得當，畫面的豐富程度就能夠提升許多。因此，這也是隨手可以提升畫面品質的必要素材。

在這裏要為各位介紹，將照片先調整成黑色與透明色的材質素材，再建立選擇範圍，然後描繪雲朵的方法。

材質素材的製作方法、使用方法，也請一併參考第 28 頁的「將照片材質素材作為素材使用」。

A 將「照片：卷雲」與「照片：積雲」調整成黑色與透明色的材質素材。

B 使用漸變貼圖處理，將天空調整為上半部灰暗、下半部明亮。將 **A** 建立起來的卷雲材質素材複製後貼上，在那個圖層的快取縮圖上以 Ctrl ＋點擊滑鼠左鍵，建立選擇範圍。
白色雲朵部分的材質素材應該是透明色，因此會建立出雲朵以外的選擇範圍。所以要將【選擇範圍】選單→【反轉選擇範圍】反轉後的選擇範圍填充塗色來描繪雲朵。填充塗色所使用的顏色，以介於雲朵的白色與天空的顏色之間為參考色。

C 以相同的步驟，使用 **A** 建立起來的積雲材質素材，描繪出堆疊向上的雲朵。若是以合成模式「相加（發光）」的圖層在白色部分拖移滑鼠游標，就能夠呈現出受到光線照射的感覺。

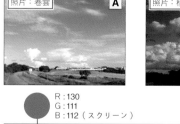

照片：卷雲 **A**

照片：積雲 **A**

R : 130
G : 111
B : 112（スクリーン）

B

天空上部
R : 3
G : 20
B : 61

天空中部
R : 66
G : 99
B : 145

天空下部
R : 255
G : 246
B : 230

由調整成材質素材的照片建立選擇範圍，反轉後，將此範圍填充塗色處理，描繪雲朵

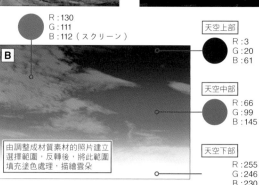

C

Point

照片獨有的特徵

能夠直接使用雲朵特有的細節及隨機性的外輪廓是照片的強項。

可以輕易地依照天候、季節的不同，呈現出不同的雲朵形狀也是一大優點，但前提是平常就需要多拍攝一些照片來備用。

1-2 與手工繪圖比較

手工描繪的方式，要表現出雲朵的外輪廓或氣體的輕盈質感有其困難。不過卻有可以自由控制雲朵的分布或配置的強項。因此特徵就是「可以描繪出印象中的天空」。

手工描繪的雲朵

2 樹木

2-1 萬能素材

樹木的照片與雲朵相同，使用的範圍相當廣泛，而且無須在意照片感的素材。

樹葉的部分可以轉用作矮樹叢或小量的草木生長處；樹幹的部分也可以轉用作一部分的木材。

與雲朵相同，將照片先調整成為黑色與透明色的材質素材，再建立選擇範圍，然後描繪樹木的樹幹、樹葉部分的方法。

A 將「照片：樹木 c」與「照片：樹木 d」調整成黑色與透明色的材質素材。

B 描繪樹木的外輪廓。樹葉的部分使用「樹葉」筆刷。因為是闊葉木的關係，枝幹較粗，且又長出細枝，描繪時要注意到這樣的強弱對比。

C 將 A 建立起來的材質素材複製後貼上，在那個圖層的快取縮圖上以 Ctrl ＋點擊滑鼠左鍵來建立選擇範圍。樹葉的部分使用由「照片：樹木 c」建立起來的材質素材；樹幹的部分使用由「照片：樹木 d」建立起來的材質素材。

再將建立起來的選擇範圍，配合整體的比例均衡進行塗色處理，接著描繪出細節與質感。在這裏的光源設定為來自右上方，描繪樹葉的部分時，因為會受光線照射而變得明亮，愈靠近右上方，愈要描繪出細節。

D 將合成模式「相加（發光）」的圖層剪貼至 C 描繪出細節的部分，打上亮光，在畫面各處加上亮部。光線與亮部，一方面要考量到光源方向，某種程度上也要以亂數的方式描繪，如此比較能呈現出樹葉的隨機感。接下來在與光源方向相反的另一側加入反光就完成了。

Point 照片獨有的特徵

樹木的照片是只要一使用就能馬上提高完成度，而且本身就屬於插畫風格，無須在意照片感的優良素材。

雖然有各種不同的大小與種類，但作為素材使用而言，只要區分為闊葉木、針葉木就十分夠用了。

不過，紅葉的樹木大多只能使用在特定的場合，需要另外事先準備。

樹葉的部分，視畫面的規模感而定，有時候粗糙感、雜訊感會形成問題，因此即使是相同的樹木，也請依照距離感不同，分別多拍攝幾種照片。

樹幹的部分雖然可以轉作為一部分的木材使用，但木材基本上不會用到樹皮的部分，如果想要正確描繪的話，應該要準備有拍攝到木紋的照片。

2-2 與手工繪圖比較

右圖的樹葉，細節及質感都是以「樹葉」的筆刷描繪。雖說品質已經相當好，但如果還是想要表現出樹葉的纖細程度或隨機感，以及隨機感中特有的規則性，使用照片是一個比較能夠輕鬆的方式。以樹葉而言，照片在運用上幾乎沒有缺點，請積極地使用吧。

樹幹的部分如果是直接描繪的話，質感稍弱，顯得過於平滑。這雖然是耗費一些時間去描繪細節就可以解決的問題，但如果時間不是很充足的時候，適當地活用照片也不錯。

樹枝與樹幹、樹幹與樹根的連接處，則以手工描繪的方式較能夠恰當地呈現。

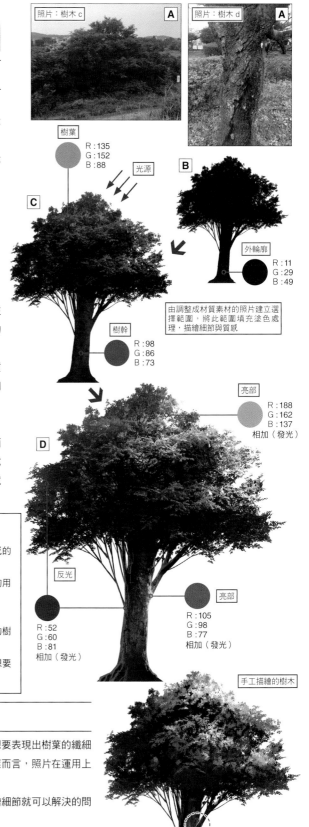

照片：樹木 c　A

照片：樹木 d　A

樹葉
R：135
G：152
B：88

光源

B

C

外輪廓
R：11
G：29
B：49

由調整成材質素材的照片建立選擇範圍，將此範圍填充塗色處理，描繪細節與質感

樹幹
R：98
G：86
B：73

亮部
R：188
G：162
B：137
相加（發光）

D

反光
R：52
G：60
B：81
相加（發光）

亮部
R：105
G：98
B：77
相加（發光）

手工描繪的樹木

理想呈現出樹枝與樹幹、樹幹與樹根的連接部分

3 植物

3-1 瞬間就能變化多端的素材

只要在插畫中使用植物的照片，就能夠輕易地增加各種不同種類的植物。

然而，如果不能適當地融入周圍，就會呈現出強烈的照片感，而且容易因植物的稠密程度而錯認畫面的規模感，需要多加注意。

在這裏要介紹不將照片調整成為黑色與透明色的材質素材，直接貼上插畫的方法。

也請一併參考第 27 頁「將照片貼上後使用」的說明。

照片：植物

A

A 將「照片：植物」沿著基底的插畫（在這裏是樹木）配置。這個時候，不僅需要注意植物的伸展方式及配置的比例均衡，也要注意根基部位的生長方式。

B 使用「色域選擇」（第 23 頁）與橡皮擦，將照片不要的部分刪除。這個時候，如果適當地保留植物生長處的地面部分，較易與基底融合。此外，原始照片的綠色過於顯眼，彩度也過高不適合加工，因此要預先調整對比度與彩度。

C 以「樹葉摘出」「樹葉摘出（大）」的筆刷修飾描繪。一方面是為了修飾描繪植物的面積不足處，以及表現出受光線照射的樹葉部分，同時也是為了要將與插畫的規模感不同的樹葉隱藏遮蓋起來。

將不要的部分刪除

B

受光照射的樹葉

C

＊為了方便解說，將底圖的部分暫時調淡

照片獨有的特徵

即使是範圍狹窄的樹叢，也會有各種不同種類的植物在同一處交相生長。使用照片處理最大的優點，就是不需要將其分別描繪出來。

每個場所的植物種類不會有太大的差異，因此不需分別拍攝。

然而，氣候變化劇烈的地區不在其限。如果有機會去到像那樣的場所，請盡量多拍一些照片備用。

取景的角度若是看得到植物如何從地面生長出來的話，照片後續運用起來會更方便。

修飾描繪成不同分量感的植物來遮蓋

3-2 與手工繪圖比較

與樹木相同，手工繪圖與照片雖然也有纖細程度與隨機感方面的差異，但最大的問題是在於植物的生長狀態以及融入基底的狀態是否得當。以右圖的情形來說，基底那一側也稍微需要施加陰影描繪之類的處理。

手工描繪的植物

4 石塊・岩石

4-1 可強調立體感的素材

並非只能單純當作石頭或岩石的素材,也可以轉用作以石材建成的建築物。

雖然還能使用在山地的岩石表面,但使用的時候要注意整體的規模感。

作為材質素材重疊使用時,如果使用過度,看起來會變成像是雜訊一般,請好好地考量運用時的比例均衡。

與雲朵或樹木素材相同,將照片調整成黑色與透明色的材質素材後,建立選擇範圍,藉以增加岩石質感的方法。

這個素材本身就具備了立體感,因此可以輕鬆地增加插畫中的立體感,反過來說,如果沒有適當配置的話,就會在畫面中造成支離破碎,反而有損立體感,請務必小心。

A 將「照片:岩石a」調整成黑色與透明色的材質素材。

B 與樹木相同,首先要描繪外輪廓。

將 A 建立起來的材質素材複製後貼上,在該圖層的快取縮圖上,以 Ctrl +點擊滑鼠左鍵來建立選擇範圍。將建立的選擇範圍進行塗色處理,並在明亮部分描繪細節。配置材質素材時要用心安排,使上面及受光面方向的側面,比起其他部位要更加明亮。

C 重新配置材質素材,建立選擇範圍,以合成模式「色彩增值」的圖層描繪陰暗部分(陰影)。與 B 相反,要在底面及光源反方向的側面描繪較多的細節。在各部位隨處以手工描繪的方式加上裂痕,也是補足立體感的手法之一。

D 為了要營造出插畫感,在凹凸不平的岩石邊緣或側面,以合成模式「相加(發光)」的圖層來描繪亮部或反光等光線細節。

Point

照片獨有的特徵

石頭或岩石照片的優點,除了可以輕鬆增加立體感,還可以輕易地表現出細微粗糙質感或是顏色變化。雖然說石頭或岩石也有各種形狀,但以作為材質素材使用的情形,其實都沒有太大的差別,只要準備好幾張易於使用的照片,在某種程度上就已經足夠使用了。

然而,如果處理對象是以石材加工的物體,那麼種類就更多,而且各自的細節以及質感都不盡相同。若是遇見了稍微引人注目的構造物,就將其拍照下來備用吧。

此外,與混凝土相關的照片,亦可以石頭或岩石同樣的方法來使用。

4-2 與手工繪圖比較

對於細微凹凸或表面粗糙質感來說,使用照片還是比手工繪圖更容易呈現。不過,手工描繪可以自己掌控形狀,因此大致上的形狀自己手工描繪,在一些重點位置再以照片補足,這樣的描寫看起來比例上會較為均衡。

照片:岩石a

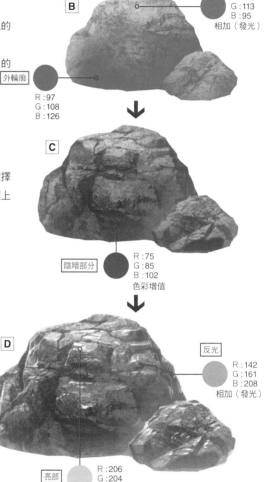

B 明亮部分
R:140
G:113
B:95
相加(發光)

外輪廓
R:97
G:108
B:126

C 陰暗部分
R:75
G:85
B:102
色彩增值

D 反光
R:142
G:161
B:208
相加(發光)

亮部
R:206
G:204
B:163
相加(發光)

手工描繪的岩石

5 水面

5-1 只要是液體都能用到的素材

除了河川之外，像是水池或積水處，甚至是飲料或湯汁的表面也可以使用這個素材。

此外，水面的光亮部分作為材質素材也很適合，舉例來說，可以使用在像是柱子的側面、地面遠景的受光面等等各種不同的部分。

在這裏介紹，單純作為河川使用，貼上插畫的方法。

照片：河川 c ... A

A 讀取「照片：河川 c」進行配置。除了水面之外，將周圍的水邊也保留一部分下來，會比較容易融入周圍。

B 表現水的透明感。將「照片：樹木 b」淡淡地貼在畫面前方的水面，可以同時表現出倒影與水中的穿透感。

C 由配置的「照片：河川 c」建立黑色與透明色的材質素材。在建立的材質素材的圖層快取縮圖上，以 Ctrl ＋點擊滑鼠左鍵來建立選擇範圍，將其反轉。因為是將透明部分（受光線照射變得明亮的部分）選擇起來的狀態，接著透過合成模式「相加（發光）」的圖層，將顏色重疊，描繪出光亮部分的細節。

然後再以手工描繪河岸邊緣的部分水紋。

*為了方便說明，將底圖的部分暫時調淡

照片：樹木 b

將樹木的照片淡淡地貼上，表現出透明感 ... B

Point

照片獨有的特徵

水面本身並不會有太大差異，但考量到周圍的場景位置，以及河川、水池、積水處的形狀不同，預先備齊各種不同種類的照片，運用起來會比較方便。

河川的照片也可以當作海洋的遠景使用，但使用在近景的話，因為波浪與潮汐的關係，看起來會不自然。海洋還是另外準備海洋專用的照片吧。

... C

由調整成材質素材的照片建立選擇範圍，反轉後將此範圍塗色處理，描繪光線細節。

5-2 與手工繪圖比較

河川與水池的水面看起來單純，但實際動手描繪後，會發現水流的方向其實相當複雜。手工描繪很難適切地表現出這個環節，以結果來說，畫面容易變得平板無趣。

若是追加筆觸的修飾不當，看來顯得虛假。因此將照片作為材質素材，在水面增加一些灰暗的水波搖動部分，這樣會是比例均衡較好的描寫方式。

此外，在水面上描繪倒影也可以增加真實感。

手工描繪的水面

6 土壤・草地

6-1 能夠在平坦部分增加立體感的素材

照片：地面　A

照片：草地　B

像土地或草地這種地面，沒有什麼立體感的部分，如果能適當地使用照片，就能恰到好處地營造出立體感。

特別是照片素材在呈現平坦地面的細節上，最能發揮效果。

反過來說，在原本具有立體感的地形上，在重點位置補助性的使用會比較有效。

此外，如果只使用地面部分，免不了會增強照片感，

因此請將植物之類的附近物體也一併使用吧。

在這裏與其他素材的處理方式相同，將「照片：地面」調整為黑色與透明色的材質素材，

然後建立選擇範圍，再描繪出細節。

草地是將「照片：草地」製作成筆刷後描繪而成。

將照片製作成筆刷的方法，請參考第 31 頁的「將照片製作成筆刷」。

A 將「照片：地面」調整成黑色與透明色的材質素材。

B 使用「照片：草地」製作材質素材筆刷「草地」。

C 使用漸變貼圖處理來建立底層。考量到遠近感，愈往畫面深處，顏色愈淡薄。不過，有時也有將畫面前方調整明亮的情形。

將 **A** 建立起來的材質素材複製後貼上，在該圖層的快取縮圖上以 Ctrl ＋點擊滑鼠左鍵來建立選擇範圍，接著填充塗色選擇範圍，再描繪出細節。如果一口氣全部描繪的話，照片感會變得過度強烈，因此要分成幾次描繪細節。

D 使用 **B** 製作的材質素材筆刷來描繪草地。描繪時的訣竅是偶爾要改變筆刷的尺寸，讓樹葉的大小多一些變化。

E 將「相加（發光）」、「色彩增值」的圖層剪貼至 **D** 描繪的部分，接著描繪明亮部分及陰暗部分。然後在地面上描繪陰影等細節，使其融入周圍。

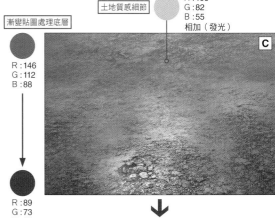

漸變貼圖處理底層

R：146
G：112
B：88

R：89
G：73
B：63

土地質感細節

R：106
G：82
B：55
相加（發光）

C

D

D

明亮的部分、暗影的部分，在地面上描繪陰影　E

草地
R：163
G：176
B：106

> **Point**
>
> ### 照片獨有的特徵
>
> 土壤、砂粒、沙灘等等，素材的變化種類比想像中還要豐富。不過，很少有地方能清楚拍到只有地面的照片，想要收齊這些素材的難度不低。
>
> 相較於其他部位，地面需要一直平順地向畫面深處推移，直到抵達遠景為止，請一邊注意圖像的粗糙度、雜訊感、規模感的比例均衡，一邊將照片收集齊全吧。
>
> 此外，拍攝時取景的角度也要注意，像是由正上方拍攝帶著俯瞰感覺的照片、水平遠眺以構圖為主的照片等等，可以在同一個場景位置拍攝數張照片，方便以後派上用場。

6-2 與手工繪圖比較

照片上雖然具備了土地和草地的細節，但說到與其他各部位的融合，或是由近景到遠景的推移，其實以手工描繪的方式比較容易處理。

建議照片可以使用在重點位置，融入周圍的作業則以手工描繪為佳。

手工描繪的土地、草地

7 建築物

7-1 種類豐富的素材

建築物的照片種類相當豐富、複雜，而且是具備規則性的素材。像是本書的插畫「逐日盡頭的日常」中出現的太空船那樣規模龐大的物體，就算只是貼上建築物照片當作細節的補助，效果也非常好。

然而，作為素材使用的時候，如果沒有仔細考量建築物的構造，以及其中所形成的透視線，就無法運用得當。

以下的解說內容雖然看似簡單，其實需要仔細規劃透視線與素材的組合搭配方式，以及多方嘗試。

照片：建築物 g　A

照片：建築物 f　A

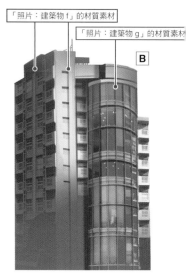

「照片：建築物 f」的材質素材
「照片：建築物 g」的材質素材　B

A 將「照片：建築物 g」與「照片：建築物 f」調整成黑色與透明色的材質素材。

B 仔細地參考實際的建築物照片，描繪出外輪廓。

與其他部分的處理方式相同，由 **A** 製作出來的材質素材，建立選擇範圍，然後描繪細節。正面的曲面部分，使用「照片：建築物 g」的材質素材進行處理；左側面與正面的四角形狀部分，則由「照片：建築物 f」中挑選適合的部位來進行處理。明亮部分使用合成模式「相加（發光）」的圖層；陰暗部分則使用「色彩增值」的圖層。

C

C 在各部位加上色彩，修飾描繪質感不足的部分，並且在畫面各處貼上材質素材，營造出規模感。

此外，接地面的資訊量較多，需要使其融入周圍，算是比較困難的部分。很多時候不如乾脆遮蓋起來，看起來還比較自然，因此在這裏選擇描繪樹木，將接地面遮蓋起來的處理方式。除此之外，也可以利用建築物、人群、看板、車子等各種不同的方法遮蓋。

與「 1-1 」的天空組合搭配之後，就算只是這樣，就已經形成一幅插畫了。

Point

照片獨有的特徵

手工描繪建築物相當耗費體力，因此將照片作為素材運用得當的話，就能夠擴展表現的範圍。

建築物的種類豐富，而且是會受到透視圖法影響的創作元素，因此請盡可能收集大量照片備用。

收集的照片就算不當作素材來使用，也可以作為參考資料，不會造成浪費。

請養成外出的時候，只要一有空檔時間，就隨手拍照的習慣吧。

手工描繪的建築物

7-2 與手工繪圖比較

如果想要以手工認真地描繪複雜的建築物

除非自己具備了充分的建築知識與品味，否則不參考資料的話，就無法描繪得當。反過來說，要不然就乾脆如右圖一般，將建築物的細節描繪強調出來，藉由畫面的密度來呈現出建築物的真實感。

特別是在某種程度上以手工描繪插畫的主體部分，整個畫面看起來會更加洗練。

在遠景使用照片，近景與中景的各個重點位置則以手工描繪，或是手工描繪與照片兩者組合搭配，像這樣適當分別使用或者併用，會是較理想的方式。

8 有趣的使用方法

8-1 使用照片素材描繪魔物怪獸

各位是否曾經有過將天花板與壁面的污痕、雲朵的形狀、樹木的年輪等看作是人臉或生物的經驗呢？照片素材的魅力是既可以直接使用本身具備的細節，也可以憑藉創意作出各種運用。

在這裏，我們要使用樹木根部的照片，試著去描繪魔物怪獸。

這是利用自己無法憑空想像的細節來描繪的插畫作品，因而能夠達到超越自我極限的畫面表現效果。

此外，我們也可以藉此來學習到嶄新的表現手法或技巧。

即便不是刻意構圖拍攝的照片，同樣有可能剛好符合畫面的需求。因此我們也不要受限於先前拍攝下來的照片的刻板印象，以各種不同的觀點重新觀察，或許會有全新的發現也說不定。

A 仔細觀察「照片：樹木 e」，多方嘗試可以如何運用。最後發現看起來像是魔物怪獸的臉部形狀，便如右圖一般配置後，將不要的部分刪除。

B 活用 **A** 的形狀，描繪魔物怪獸的外輪廓。接下來，以線條畫的方式將細部描繪勾勒出來，適當地與 **A** 連接。

C 複製原本照片的一部分，貼在鼻子或下顎處，並適當地融入周圍。處理這個部分的時候，耗費了一些時間多方嘗試各種組合方式。

以照片無法呈現的口部等部分要另外描繪勾勒。

畫面各處使用以「照片：肉」製作的材質素材，增加生物的（肉質的）黏滑質感。最後將光亮與陰影描繪出來就完成了。

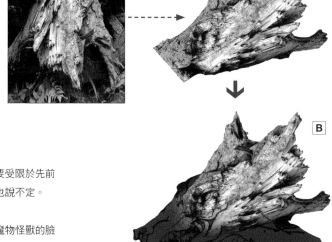

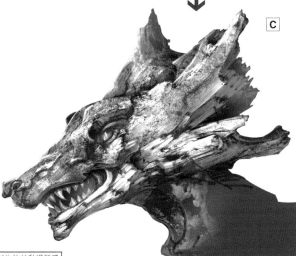

描繪魔獸的外輪廓及線條

照片：肉

將「照片：肉」當作材質素材，以此來增加生物的黏滑質感

8-2 使用頻率高的酒水照片

右圖的酒水照片是平常使用頻率極高的素材。

當畫面上「總覺得缺少了什麼」，想要再增加細節的時候，這個照片的材質素材就顯得相當寶貴了。

舉例來說，在窗戶玻璃增加酒水的材質素材感，可以表現出如同老宅民家的窗戶一般，因為長年塵埃及雨水污漬造成陰暗模糊的感覺。除此之外，像是稍微加上一些金屬光澤、天空的整體大範圍的空氣感、寶石內部的光線折射等等，還有很多可以活用的場景。像這樣一開始完全不被預期的照片，後來卻有可能成為效果極大的素材，請各方面多加嘗試看看吧。

照片：酒

 →

材質素材繪圖法

這是以鳥居、狐狸石像、符咒等元素進行畫面架構的日式奇幻風格場景。在這裏主要是以將照片活用為材質素材的技法進行描繪。完成的插畫看起來有相當多細節描繪的部分，實際上，質感及細節幾乎都是使用材質素材進行描繪，耗費的工夫不像外觀看起來那麼多。經過修飾完稿後，與所有部分都以手工描繪的插畫呈現出不同風格，同時也具備了說服力。

📷 本項所使用的照片

＊這裏所使用的照片，都有得到「伏見稻荷大社」的許可。

照片：狐狸石像

照片：鳥居 a

照片：鳥居 b

1 描繪草稿，初步設定形象

1-1　決定好視平線，描繪大略的構圖

描繪草稿，初步設定完成後的形象。

這次照片只作為補助使用，因此僅以手工描繪製作草稿。

雖然說是手工描繪，但在這個時候就已經決定好中景的 2 座鳥居，以及畫面深處的高山兩端的狐狸石像所要使用的照片。

此外，遠景山頂所佈下類似結界的效果、朝向山頂照射的光線處理效果、山間的注連繩等等，這些念頭也在此時就已經置於腦海中。

若是草稿描繪得過於簡略，在沒能確認完成後的形象就開始進行作業的話，最終會成為一幅沒有整合性的插畫。因此在這個階段確實地多方嘗試各種構圖非常重要。由於還是草稿的關係，只有決定好視平線的位置，還不需要去嚴格地考量到透視法。請順著腦海中所思考的形象，想到什麼描繪什麼，直到確認出整幅構圖的形象吧。

A 決定好視平線。接下來，將「柔化塗色」筆刷的筆刷尺寸設定為較粗，描繪出大致上的構圖草稿。此外，事先將圖層的合成模式（第 21 頁）設定為「色彩增值」的話，在接下來的工程，線條與顏色將會彼此融合。

B 如圖將近景（黃色）·中景（綠色）·遠景（藍色）以距離大略地區別，會比較方便思考構圖。關於構圖的考量方式，也請參考第 36 頁。

1-2　近景底層進行填色

以陰暗色為基底色進行底層的填色處理。這裏填上的顏色會成為近景的底圖顏色。後續中景～遠景的顏色會以這個顏色為基準進行推移。

A 決定以陰暗色為基底色的近景底層顏色。顏色會因為彩度與明度的比例均衡不同，看起來會有細微的差異，因此要藉由色環面板一邊好好地確認，一邊選擇。

R:95
G:78
B:92　這個顏色將成為近景的底色

B 在「 1-2 」描繪的草稿線條之下，以【圖層】選單→【新點陣圖層】的步驟新建圖層，再以【編輯】選單→【塗色】進行填色處理。

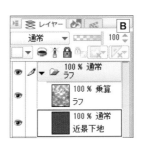

1-3 推移近景～遠景的色調

將「 1-2 」填充塗色了的近景底色為基準，朝向遠景進行顏色的推移。在這裏填充塗色的顏色將會成為各距離陰暗色的基底色。

通常考量到空氣遠近法（第 34 頁），愈接近近遠景的顏色要愈淡薄。這次則是刻意地將近景較深處（到中景的鳥居為止）的顏色設定得較為濃厚。藉由這樣的調整，使鳥居周邊的顏色顯得最濃厚，如此便有易於吸引觀者的目光，在視覺上凸顯出這裏是畫面中的主要部分的效果。更進一步說，這樣的表現方式，還有「以鳥居為境界，彼世與此世相隔之處」這種場景設定上的意義存在。

A 在「 1-2 」建立的近景底層圖層之上，再建立一個合成模式「色彩增值」的圖層，填充塗色使近景較深處的顏色變得濃厚。之所以使用色彩增值進行塗色，是因為當「 1-2 」填充塗色的底層顏色改變的話，這個部分的顏色也會隨之產生變化，後續的微調會比較容易。

如果覺得顏色過深的話，可以降低不透明度來進行調整。

B 鳥居後方的遠景，要考量到空氣遠近法，將顏色漸漸地調淡。此處要使用合成模式「濾色」的圖層進行重疊塗色。用來重疊的圖層顏色，要調整成比下一圖層的顏色更淡薄。如此一來，當下一圖層的顏色改變時，設定成為濾色的圖層顏色也會一併隨之改變，後續要進行微調時會比較容易。

以色彩增值圖層（不透明度 45%），將顏色（R:30 G:12 B:5）填充塗色 **A**

鳥居後方的遠景，要以空氣遠近法來漸漸地調淡 **B**

R:126 G:125 B:67

100 % 乗算 ラフ	**B**
100 % スクリーン 遠景（空）	
100 % スクリーン 遠景（山3）	
100 % スクリーン 遠景（山2）	
100 % スクリーン 中景（山1）	
45 % 乗算 中景（鳥居周辺）	
100 % 通常 近景下地	

R:26 G:20 B:9
R:16 G:0 B:21
R:4 G:15 B:33

1-4 為天空增加變化

以漸變貼圖工具（第 19 頁）為天空加上色階變化。雖說是夜晚場景的設定，但如果只是單純漆黑一片的話，以插畫而言就顯得乏善可陳。因此將天空下部刻意地保留「 1-3 」建立的底層，使其變得明亮。

A 將天空下部的底層保留下來，使其變得明亮。天空中部使用「色彩增值」的圖層，考量到夜色，以藍色進行漸變貼圖處理（形狀：直線）。上部使用「濾色」的圖層，考量到明月的亮光，以明亮的藍色進行漸變貼圖處理（形狀：圓形）。

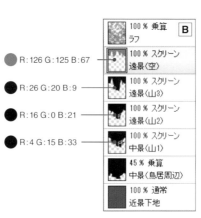

使用濾色圖層（不透明度 86%），塗色成明亮的藍色

A

使用色彩增值圖層，調整成藍色

保留底圖顏色並調亮

R:83 G:118 B:123～透明色

R:49 G:55 B:146～透明色

86 % スクリーン 空グラデーション（上部）	**A**
100 % 乗算 空グラデーション（中部）	✓
100 % スクリーン 遠景（空）	

1-5 山頂調暗，插畫視線聚焦

將遠景群山的上部調暗。

這麼一來，既可以讓插畫整體畫面更加清楚，也可以營造出山的巨大感。

A 在草稿線條之上以合成模式「色彩增值」建立圖層後，在山的上部淡淡地塗色，使其變得灰暗。

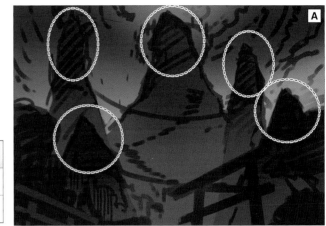

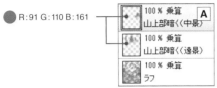

●R:91 G:110 B:161

1-6 增加明亮部分

一邊考量到插畫的比例均衡，一邊增加明亮的部分。

首先要在畫面前方的石階（近景）、山麓（中～遠景）、天空的下部（最遠景）製作一些明亮的部分，強調各自的遠近。

接著，因為畫面整體的藍色系顏色較強的關係，再加上一些暖色或光亮作為點綴色。

雖然說是點綴色，但其實這裏加上的暖色將會成為主色，而其他的顏色則是為了襯托出主要顏色的底圖色。

以整體構圖而言，光線由近景的石階穿過鳥居後，呈現鋸齒般的之字形狀，一路連接到山頂，在畫面架構上暗示著朝向山頂的道路。

接下來的處理就要以目前為止決定好的構圖、顏色等完成形象為基礎，實際上進行詳細描繪作業。

A 建立合成模式「濾色」、「覆蓋」的圖層後，對各距離的邊界進行塗色處理，強調出遠近感。

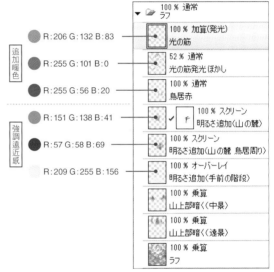

●R:206 G:132 B:83
●R:255 G:101 B:0
●R:255 G:56 B:20
●R:151 G:138 B:41
●R:57 G:58 B:69
R:209 G:255 B:156

追加暖色

強調遠近感

B 加上鳥居的紅色，以及使用「相加（發光）」的圖層描繪光線軌跡。並且讓光線的軌跡發光（發光處理的方法，請參考「 5-5 」（第 89 頁））。明亮的部分完成後，視線就會彷彿追隨其後一般，由近景一直被誘導到遠景。透過鋸齒狀之字形道路方向的暗示，也能夠提升觀者對插畫的投入感。

追加明亮的部分，強調出遠近

2 以草稿為基礎，進行詳細構圖

2-1 進行照片的配置

以草稿決定的完成形象為基礎，進行作業。
首先，依照「 1-1 」決定好的構圖，將中景的 2 座鳥居及畫面深處高山兩端的狐狸石像照片貼上。

A 讀取「照片：狐狸石像」、「照片：鳥居 b」，接著執行【點陣圖層化】（第 46 頁）處理。以草稿為基礎，將照片依照【編輯】選單→【變形】→【自由變形】（第 26 頁）的步驟，變形處理後貼上。照片的不要部分請勿直接刪除，而是以圖層蒙版（第 24 頁）的方式消去。

B 將貼上的照片分別放入各自建立的圖層資料夾。
接著在鳥居的照片之下建立新圖層，然後在 A 製作的圖層蒙版建立選擇範圍，並將鳥居的部分填充塗色作為底層使用。接下來要將光亮及陰影的圖層剪貼（第 20 頁）至底層後描繪細節。

照片：狐狸石像

照片：鳥居 b

照片：鳥居 a

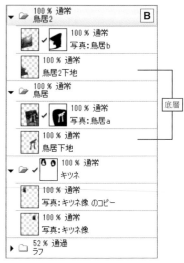

將照片的圖層複製後保存下來

照片在此之後也可能使用於其他用途，因此請將配置在畫面上的照片複製後保存在另一個圖層資料夾。

2-2　參考草稿初步設定的色彩，按距離分層塗色

依各個距離分別建立圖層資料夾，石階及高山的外輪廓製作完成後，將底層填充塗色。

基本上不需要特別在意高山及石階的正確形狀，只要不讓插畫整體過於平均，稍微考量比例均衡及韻律感去抓出外形即可。

不過，近景的石燈籠是形狀非常明確的物體，因此要先勾勒出線條輪廓，再配合外形填充塗色底層。

在「2-1」配置完成的照片，也要配合這個外輪廓進行調整，再以蒙版將不要的部分消去。

A 依各個距離與組合零件分別建立圖層資料夾，製作石階及高山的外輪廓後，將底層塗色。再參考「1-2～1-6」製作的草稿顏色，分別以接近的顏色進行塗色處理。

　　只有石燈籠一方面考量其為近景之故，先勾勒出線條輪廓，再配合外形將底層填充塗色。

　　樹木的部分，以「樹葉」的筆刷描繪外輪廓。

　　「2-1」貼上的照片也要配合在這裏建立起來的外輪廓，將不要的部分及邊緣消去後，使其融入周圍。

　　「照片：狐狸石像」要以「用下一圖層裁剪 ◯」的方式，剪貼至遠景左右高山的底層。

以線條描繪燈籠後製作成底層

製作各種距離的底層

將狐狸石像的照片剪貼至高山的底層

將照片的邊緣消去後，使其融入周圍

Point

參考透視線配置照片

在「2-1」配置完成的照片，因為經過變形處理，與原照片的形狀相差甚遠。

請在進行這個變形處理之前（倒不如說是要正式進行畫面架構的時候），先建立指引用的透視線。

接著配合透視線去執行照片的變形處理。

然而，建立起來的透視線充其量只是作為參考用途，並沒有很嚴格地遵循這個規則。像這次以自然地形作為基底的場景位置，每一個不同部位相對於透視線都稍有錯位才顯得自然。若過於拘泥透視圖法，反而會讓畫面變得死板無趣。

當然，如果是以直線構成的現代化風格建築物，遵循透視法的規則相當重要，但這幅插畫的場景風格剛好完全相反，因此充其量只是將透視法當作參考程度罷了。

此外，中景中央的鳥居雖然作為畫面主體，卻明顯地違反透視線。這是希望藉由違反規則的感覺，達到吸引觀者目光的一種技巧。

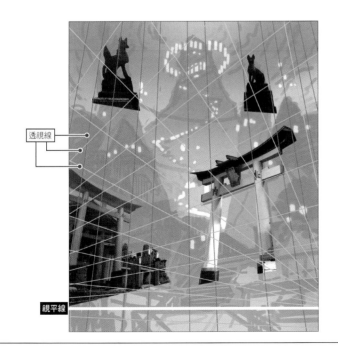

透視線

視平線

A

2-3 描繪石階細節，營造立體感

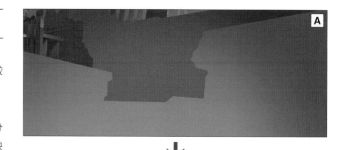

描繪石階的細節時，要活用底層的顏色。

在這裏，與其以線條描繪出石階，不如以填充塗色的方式，來呈現出石階的溝痕及較暗的深色陰影部分的細節。如此會比單純以線條描繪更能營造出立體感。

A 在底層之上，建立合成模式「色彩增值」的圖層，然後對石階的溝痕及陰影部分進行塗色處理，呈現出細節。因為是在色彩增值圖層上進行描繪，所以也會反映出底層的色調，看起來更加自然。

以塗色的方式描繪溝痕及較深的陰影部分的細節

Point

適當地修正不理想的部分

在此階段，要將近景石燈籠的傾斜角度，修正至符合透視法。這裏原本是打算與中景中央的鳥居相同，希望藉由違反透視法規則的方式，取得構圖上的凸顯效果。結果就是導致此處無謂地吸引了觀者的目光，對於在「1-6」所說明，由近景的石階朝向山頂移動的視線誘導造成妨礙。像這樣，只要一發現不滿意的部分，就盡量去修正吧。

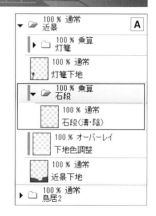

2-4 強調鳥居的立體感

在「2-3」所進行營造出立體感效果的處理方式，同樣要在照片上進行。將黑白的鳥居照片以合成模式「色彩增值」貼至「2-1」配置的鳥居照片之上，可以強調出陰影部分，更加凸顯出立體感。

此外，這種處理方式，在明亮的場景位置會呈現出更大的效果。

A 將先前複製保留下的「照片：鳥居 a」複製＆貼上畫面，然後將【編輯】選單→【色調補償】→【色相 彩度 明度】（第 25 頁）的「彩度」數值設定為「-100」，調整成灰色調，再以【編輯】選單→【色調補償】→【色階補償】來強調出黑白的對比度。

B 將 **A** 建立起來的黑白照片，剪貼至原本就存在於畫面上的鳥居。將合成模式設定為「色彩增值」，即可與「2-3」相同，強調出陰影部分，更加凸顯立體感。

透視規尺的使用方法

所謂的透視法，是用來表現出遠近的一種技法。只要一聽到場景插畫，應該有很多人腦海裏首先就會浮現出透視法這個名詞吧。關於這個技法，在第 34 頁的第 1 章重點解說 POINT「遠近法」中也有提到，請一併參考。在 CLIP STUDIO PAINT PRO 當中，只要使用透視規尺功能，就能夠以徒手畫的方式描繪出符合透視法的直線。

我們可以透過選擇【圖層】選單→【規尺 分格邊框】→【建立透視規尺】的方法，也可以透過圖形工具的【規尺建立】指令群中的透視規尺來建立透視規尺。

在這裏要為各位介紹，透過使用圖形工具的透視規尺，來建立一個 2 點透視圖的方法。

以透視規尺製作 2 點透視圖

A 使用「透視規尺」，描繪 2 條交叉的線。

當我們在畫布上拖曳滑鼠游標，就會配合移動的軌跡出現 1 條線。一旦放開滑鼠拖曳，線條的角度就會被確定下來，因此請調整到適切的角度後，再放開滑鼠的拖曳。

第 2 條線也以相同的方式建立，並使其與第 1 條線交叉。

B 第 1 條線與第 2 條線的交叉部分形成消失點，這樣就建立起 1 點透視圖的指引線了。除了描繪出來的線條以外，也會顯示出垂直與水平的指引線。這個水平的指引線就是視平線。

C 接著再以同樣的步驟建立另 1 個消失點。此外，B 建立起來的視平線（水平的指引線）與在這裏建立起來的第 1 條線的交叉點，會將第 2 條線的起點鉤住固定，因此不會產生位置偏離的狀況。

D 擁有 2 個消失點的 2 點透視圖指引線完成了。只要照著以上的步驟，就能夠以徒手畫的方式描繪出符合透視法的線條。此外，如果想要描繪跳脫透視規則的線條時，只要將建立透視規尺的圖層旁的規尺圖示以「Shift＋點擊滑鼠左鍵」進行點擊，就能夠讓透視規尺功能失效。

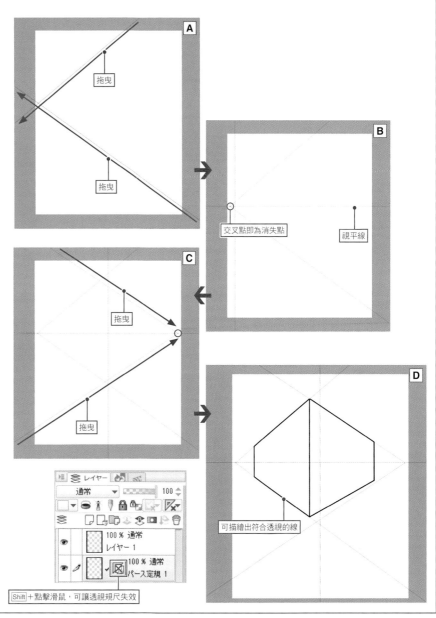

3 使用材質素材，提升畫面完成度

本項所使用的材質素材

*材質素材都已經處理成為接近白色的透明狀態

事先準備好描繪各部位質感和細節時要使用到的材質素材。

這些材質素材都是由照片建立成而成。

材質素材的製作方法，請參考第 28 頁的「將照片材質作為素材使用」。

材質素材：雲 a
照片：雲 a

材質素材：雲 b
照片：雲 b

材質素材：雜樹木林 a
照片：雜樹木林 a

材質素材：樹木 f
照片：樹木 f

材質素材：樹木 g
照片：樹木 g

材質素材：混凝土
照片：混凝土

材質素材：山地 a
照片：山地 a

材質素材：山地 b
照片：山地 b

3-1 以材質素材增加近景石階的質感及細節

材質素材：混凝土 **A**

將拍攝下來的照片素材進行加工，使用於增加細節或質感的作業。藉由材質素材的使用，可以輕易地提升各部位的完成度。

首先要從近景的石階開始作業。

將「材質素材：混凝土」放大、旋轉處理後，配置於石階之上。然後在該圖層上建立選擇範圍，再將選擇範圍反轉後，在材質素材資料的透明部分（明亮部分）塗上顏色。作業的要訣是以「柔化輪廓」之類輪廓模糊的筆刷來進行塗色處理。至於為什麼要將選擇範圍反轉後，在透明部分塗色呢？因為「 1-2 」建立起來的底層顏色是陰暗色，如果不先反轉就直接塗色的話，會讓畫面變得過於灰暗。因此，在原本即為明亮的部分塗色，細節看起來才會比較自然。

A 將「材質素材：混凝土」開啟在另一張畫布。

貼上材質素材，放大、旋轉後進行配置 **B**

B 複製開啟後的材質素材，再將其貼上原本作業中的畫布。這麼一來，讀取至畫布時就可以維持原來照片檔案的透明度。

將貼上的材質素材以【編輯】選單→【變形】→【自由變形】進行放大、旋轉處理後，配置於想要增加細節或質感的部分。

在材質素材的快取縮圖 Ctrl ＋點擊滑鼠左鍵，製作選擇範圍

100 ％ 通常 **C**
テクスチャ:コンクリート のコピー
▶ ⌂ 100 ％ 通常
近景
▶ ⌂ 100 ％ 通常
鳥居2
▶ ⌂ 100 ％ 通常
中景
▶ ⌂ 100 ％ 通常
鳥居

C 在配置材質素材的圖層快取縮圖上 Ctrl ＋點擊滑鼠左鍵，建立選擇範圍（第 23 頁）。

反轉選擇範圍 **D**

D 將選擇範圍以【選擇範圍】選單→【反轉選擇範圍】（第 22 頁）的步驟進行反轉。如此一來，材質素材的透明部分（明亮部分）會呈現被選擇起來的狀態。

E 建立材質素材用的圖層資料夾，接著建立新圖層後，以【柔化輪廓】之類輪廓模糊的筆刷，在 D 反轉後的選擇範圍內（材質素材的透明部分）進行塗色。這麼一來，就能夠增加質感或細節。

此外，關於以材質素材增加質感或細節的方法，也請一併參考第 29 頁～第 30 頁的解說內容。

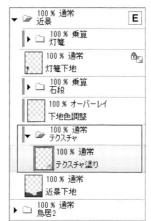

▼ 📁 100 ％ 通常 **E**
近景
▶ ⌂ 100 ％ 乗算
灯篭
100 ％ 通常
灯篭下地
▶ ⌂ 100 ％ 乗算
石段
100 ％ オーバーレイ
下地色調整
▼ 📁 100 ％ 通常
テクスチャ
100 ％ 通常
テクスチャ塗り
100 ％ 通常
近景下地
▶ ⌂ 100 ％ 通常
鳥居2

以反轉後的選擇範圍進行塗色，增加質感及細節 **E**

3-2　一併提升其他部分的完成度

以「 3-1 」相同的步驟，增加各部位的質感及細節。

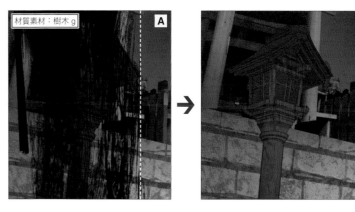

A 將「材質素材：樹木 g」的材質素材貼上石燈籠，再以「 3-1 」相同的步驟塗色處理。適當地刪除塗色處理時溢出範圍的不要部分。

B 將「材質素材：樹木 f」貼上樹木，並以相同步驟進行塗色。

3-3　增加畫面的資訊量，營造壯闊感

高山也以「 3-1 」相同的步驟增加質感及細節，但因為中央的高山是遠景當中最吸引目光的部分，就算是相同材質素材也無妨，請改變幾次配置的方式，重覆進行塗色處理，藉此營造出壯闊的規模感，以及畫面資訊量的密度。

再者，整座山希望塑造成上層是樹木叢生的山地，下層是聳立的懸崖的外形，因此上層使用「材質素材：山地 a」，而下層則使用「材質素材：山地 b」，分別使用 2 種不同的材質素材。

請注意上下較長的物體，如果不將下層與上層分別設定為不同的場景位置環境，畫面的資訊量就會顯得不足，導致成為一幅平坦無趣的作品。

A 將「材質素材：山地 a」貼上高山，並以「 3-1 」相同的步驟進行塗色。改變幾次材質素材的配置方式，再重覆進行塗色處理，營造出規模感以及畫面資訊量的密度。

B 遠景中央的高山表現出上層是樹木叢生的山地，下層是聳立的懸崖的場景位置環境。將「材質素材：山地 a」貼至上層，「材質素材：山地 b」貼至下層後，進行塗色處理。

3-4　在天空加上橫向變化

使用材質素材將雲朵描繪在天空。

希望在天空增加一些橫向的變化，因此使用「材質素材：雲 a」、「材質素材：雲 b」等 2 種不同的材質素材。

將雲朵描繪上去後，透過材質素材增加質感與細節的作業就完成了。使用材質素材的方法可以輕易地提升畫面的完成度，是一種學起來絕對不會吃虧的技巧。

請先試著描繪看看，以能夠完成到這個程度的品質為目標。

A 在天空描繪出雲朵。貼上「材質素材：雲 a」、「材質素材：雲 b」等 2 種不同的材質素材，增加一些橫向的變化，以「 3-1 」相同的步驟進行塗色。

▶ 首先以這樣的品質為目標吧！

第 82～83 頁所使用的材質素材

3-2

材質素材：樹木 g

材質素材：樹木 f

3-3

材質素材：山地 a

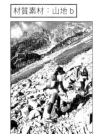
材質素材：山地 b

3-4

材質素材：雲 a

材質素材：雲 b

4 增加光線照射

4-1 突顯明亮部分，強調出整體強弱對比、立體感

將各部位的邊緣（視線不會前去的場所）調整變暗。在這裏以近景的石階為例進行解說。
將邊緣調整變暗後，以結果來說，會讓邊緣以外的部分看起來變得明亮，得到將視線誘導至明亮
部分的效果。
更進一步，使用合成模式「濾色」的圖層，將各部位形狀的迂迴轉折部分調整變亮。藉此強調出立體感，減輕各部位外輪廓的平面感。

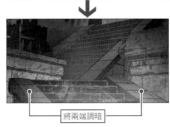

A 在描繪了石階的圖層的最上方，以合成模式「色彩增值」建立圖層，然後以「柔化輪廓」的筆刷使石階的邊緣部分變暗。
藉由這樣的處理，可以讓視線朝向看起來比原本更加明亮的石階中心部位。

B 建立合成模式「濾色」的圖層，強調各部位的迂迴轉折，營造出立體感。

以濾色圖層將亮度調亮，營造出立體感 **B**

將兩端調暗

4-2 大範圍光線照射

由此開始，要在畫面打上亮光處理。在這裏也是以近景的石階為例進行解說。
這幅插畫設定的場景雖然是夜晚，但為了要營造出奇特的氣氛效果，便加入了大量的光線。畢竟與白天不同，缺少陽光這個絕對的光源，而且為了凸顯出受到各種不同的顏色影響，因此刻意不將光源設定為來自特定的方向。即便如此，還是要考量大致上的光源方向。這次是讓光線大多是來自右側。
但如果只是單純打上亮光的話，畫面整體都會變得明亮，先前好不容易營造出來的質感就都浪費掉了。因此也要做出一些避免發生如此狀況的處理。。

A 建立合成模式「相加（發光）」的圖層資料夾，然後在其中建立一個圖層。光線都要在這個圖層進行描繪。

B 將大致上的光源都設定為來自畫面右側。

C 一邊考量到光源方向，一邊以「柔化塗色」的筆刷大範圍打上亮光。

D 如果只是單純打上亮光的話，先前好不容易建立起來材質感就都浪費掉了，因此要先進行避免發生種情形的處理。首先將「 3-1 」以材質素材完成塗色的圖層（或是圖層資料夾）的快取縮圖上 Ctrl +點擊滑鼠左鍵，建立選擇範圍。

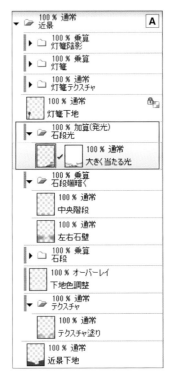

將畫面右上設定為大致的光線來源 **B**

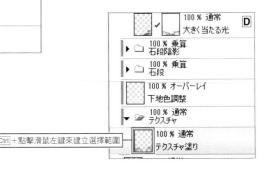

Ctrl +點擊滑鼠左鍵來建立選擇範圍

E 將建立起來的選擇範圍反轉。

F 建立新圖層後,將反轉處理後的選擇範圍以黑色填充塗色處理。

G 將 **F** 建立起來的圖層,放入 **A** 建立起來的合成模式「相加(發光)」的圖層資料夾。於是,塗成黑色的填充塗色部分便不會被顯示出來(因為在相加(發光)圖層中,黑色部分會變成透明),就如同只有材質素材部分受光線照射一般。這麼一來,就能將前一道步驟建立起來的質感及細節等保留下來,並且完成打上亮光的效果處理。

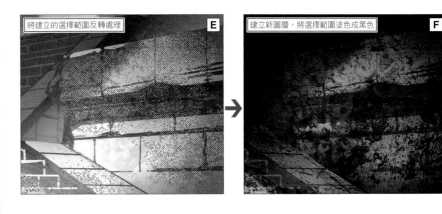

將建立的選擇範圍反轉處理 **E**

建立新圖層,將選擇範圍塗色成黑色 **F**

H 以石階的邊緣為中心,將亮部描繪上去。這是要透過在不受材質素材影響的部分進行描繪加工,達到緩和材質素材的均一感的目的。

亮部

H

將相加(發光)的圖層放入圖層資料

營造出光線只照射在材質素材部分的感覺 **G**

製作照片部分的材質素材

照片部分如果直接使用的話,會因為照片本身已經具備質感及細節,就算在其上塗色處理,也無法在保留質感及細節的狀態下打上亮光。
因此有必要將已經配置完成的照片細節及質感等素材抽取出來。
首先,要從預先複製保留下來的照片開始建立材質素材。
接下來要將照片部分的圖層的結構變更如下圖一般。

在建立起來的圖層資料夾(如圖,名稱為「ここにテクスチャを描き入れる」(在這裏描繪材質素材))當中建立一個圖層後,使用由照片製作的材質素材,以「 3-1 」相同的步驟進行塗色,便會呈現「只有材質素材描繪的範圍會顯示出照片圖像」的狀態。
這麼一來,照片部分的材質素材就會被抽取出來,從這裏建立選擇範圍,就能夠在保留質感及細節的狀態下打上亮光。

圖層結構變更前

變更後

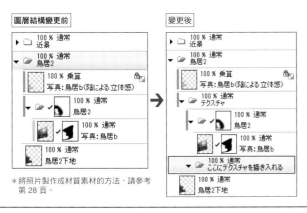

*將照片製作成材質素材的方法,請參考第28頁。

將圖層結構變更後的鳥居

將製作完成的材質素材進一步建立選擇範圍後,反轉選擇範圍

塗色處理選擇範圍,只有塗色的部分會顯示出照片圖像

4-3 　將畫面整體打上亮光

以「 4-2 」狐狸石像相同的步驟，將畫面整體打上亮光。

要對鳥居以及狐狸石像這類的照片部分打上亮光時，

需要使用到以第 85 頁的 Point「製作照片部分的材質素材」所建立的照片部分的材質素

材。

依照打上亮光的場所不同，亮光的顏色也會隨之改

變。這種表現方式是因為夜晚的光線與陽光的特性

不同，會受到各種不同的光源造成的影響所致。

A 在插畫整體畫面進行「 4-2 」的處理。

B 因為中景的鳥居是插畫的主體，所以加入彩虹

　 色的光線來吸引目光。

這裏加上彩虹色光線

4-4 　強調出各距離的遠近感

隨著畫面描繪的進展，距離感會變得不明顯，因此要將各個距離的邊

界以合成模式「濾色」來使其變得明亮，強調出遠近感。

A 在各個距離的圖層資料夾之間以合成模式「濾色」建立圖層。

B 使用「柔化輪廓」、「雲　軟」、「滲透模糊」的筆刷，將各個

　 距離的邊界變得明亮，強調出遠近感。

5 描繪細節

5-1 描繪朝向山頂的鳥居，藉以標示登山道路

描繪山中的鳥居。

場景設定中的鳥居要沿著山路佇立，一邊考量這座山的山路會由哪裏通向何處，一邊進行配置。

脫離道路之外的地點也可以單獨佇立鳥居，在這個階段可以像這樣盡情地發揮想像或玩心來進行作業。

在場景設定中，山路上有燈火照明的光源，因此要以鳥居下方為起點進行漸變貼圖處理，使其彷彿受到燈火照射而朦朧發光一般。

此外，在畫面上許多地方進行了顏色的調整以及亮部的描繪，但如果細節描繪過於顯眼的話，反而會因為筆跡而降低了規模感，因此要適可而止。

A 描繪沿著山路建設的鳥居。一邊考量這座山的山路會通過哪些地方連接，一邊進行描繪。即使在遠離山路的位置，單獨描繪一座鳥居也別有趣味。

B 以「主要不透明」的筆刷描繪鳥居的外輪廓。

C 在場景設定中，山路上有燈火照明的光源，因此要以鳥居下方為起點，進行漸變貼圖處理。更進一步要使鳥居朦朧發光。關於使物體發光的方法，請參考「 5-5 」（第 89 頁）的解說。

描繪出外輪廓

光源來自下方，朝上照射 C

5-2 描繪樹木的枝幹

由此開始進入大量地描繪細節的階段。要將質感或細節的不足部分、陰暗的部分以及更陰暗的部分、明亮的部分以及更明亮的部分、還有畫面中的亮部等等，通通追加描繪出來，提高插畫整體的完成度。

樹木叢生處的樹幹也要在這個時候進行描繪。然而，與其說將實際的樹幹描繪出來，不如說是藉由描繪傾洩於樹木間隙的光線，間接使樹幹的外輪廓浮現在畫面上。描繪的方法與「 3-1 」使用材質素材增加細節的處理步驟相同。

A 在「 3-2 」描繪的樹叢再描繪樹幹。以「 3-1 」同樣的步驟，貼上「材質素材：樹木林 a」，然後將由材質素材建立起來的選擇範圍反轉，再以「柔化輪廓」的筆刷，塗色成樹幹的形狀。

材質素材：雜樹木林 a

5-3 加上反光部位

在各部位加上反光效果。整體光源大致都來自於右上方,因此在這裏反過來要以左下方作為反光處。這個作業的重點與其說是在光線的表現,倒不如說是以補強立體感的效果為主要目的。

A 光源是來自右上方,因此反光處要設定為來自左下方。

B 考量到光線反射位置的顏色,在各部位的邊緣加上反光。以石燈籠為例,這裏要加上反射出石階顏色的光線。因為有了反光的襯托,立體感得到補強。

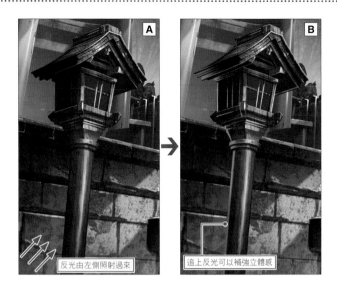
反光由左側照射過來

追上反光可以補強立體感

5-4 增加燈籠與植物

到目前為止都按照草稿的計畫順利進行了描繪作業,但稍微感覺畫面的資訊量不足而顯得有些空洞,因此決定在畫面上增加石燈籠以及植物。
這些增加的部分充其量只是以加強畫面資訊量為目的,不需要太在意細節的描繪。

A 複製近景石燈籠的外輪廓,縮小後配置於各個部位。在配置完成的石燈籠外輪廓,以「岩壁 凹」、「岩壁 凸」等具備材質素材感的筆刷描繪細節。

B 增加的植物外輪廓以「主要不透明」的筆刷進行描繪,然後以「 3-1 」相同的步驟,將「材質素材: 樹木林 a」下半部的樹葉部分貼上,增加細節。

C 使用合成模式「濾色」的圖層,將增加的外輪廓背後調整地更明亮,強調出外輪廓,使其清楚可見。

複製近景石燈籠的外輪廓

簡略地加上一些細節

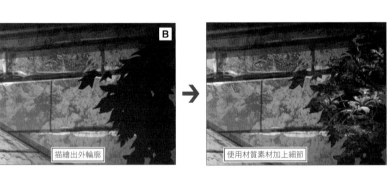
描繪出外輪廓

使用材質素材加上細節

將增加的外輪廓的背後調整為更加明亮

5-5 加上發光效果

在此要描繪飄浮在天空中符咒與石燈籠的亮光、沿著山路的燈火照明、纏繞在山頂的結界等發光效果的處理。這是在草稿製作的「 1-6 」所架構出來的元素。這個發光效果會大幅地左右插畫的比例均衡，因此從一開始便將後續要增加發光效果的念頭置於腦海中，一邊進行描繪。這也是為了將插畫主體的鳥居的「紅色」進一步襯托出來的元素。

A 在所有圖層的最上方，建立合成模式「通過」的圖層資料夾。然後在其中建立合成模式「相加（發光）」的圖層資料夾，一邊建立圖層，一邊描繪出要使其發光的物體的外輪廓。

B 飄浮在天空中的符咒，基本上要以第 77 頁的 Point「參考透視線配置照片」設定好的透視線為基準，使用「主要不透明」的筆刷描繪外輪廓。

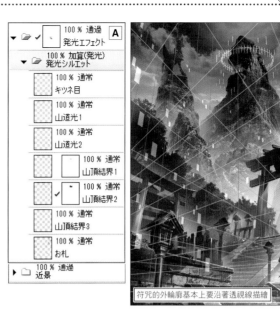

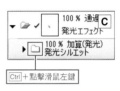

符咒的外輪廓基本上要沿著透視線描繪

C 外輪廓描繪完成後，接下來要使其發光。
首先要在描繪外輪廓的圖層所處的圖層資料夾快取縮圖上 Ctrl ＋點擊滑鼠左鍵。如此便可建立描繪在圖層資料夾內圖層的外輪廓的選擇範圍。

Ctrl ＋點擊滑鼠左鍵

製作出外輪廓的選擇範圍

D 將【選擇範圍】選單→【擴大選擇範圍】建立起來的選擇範圍放大「3～5px」。

E 在描繪了外輪廓的圖層資料夾之下建立新圖層，以橘色填充塗色，並將圖層的不透明度降低為「50%」。

F 執行【濾鏡】選單→【模糊】→【高斯模糊】（第 26 頁），將數值設定為「30」，再將 **E** 塗色的部分模糊處理，周圍看起來就會像是發光了一樣。

將選擇範圍放大

Point

刻意脫離透視線的配置

中景中央的鳥居並沒有遵循整體的透視法，因此烏居附近的符咒也不是以整體的透視法為基準配置，而是要配合鳥居的透視法。

Point

反光

此即某個物體表面反射出來的光線。在藍天之下就是藍色反光；附近有植物的話，就是綠色反光，配合場景去調整反光顏色，更能增加真實感。

5-6 描繪發光效果處理細節

進一步描繪「 5-5 」建立起來的發光處理效果細節，提高完成度。
因為插畫整體的發光效果掩蓋作為主體的鳥居紅色，要再次調整成為鮮明的紅色。

A 建立合成模式「相加」的圖層後剪貼在畫面上，以「材質素材 2」、「滲透模糊」等具備
材質素材感的筆刷，在發光處理效果上表現出光線本身的變化。將通常的圖層剪貼後調整
顏色。
接著再以下述 2 種作業方式來強調發光。

1.以「 5-5 」的 **C** 相同的步驟，建立外輪廓的選擇範圍，再將「 5-5 」建立
起來的發光部分以蒙版遮蓋。

2.複製「 5-5 」的 **C** ～ **F** 以高斯模糊處理過的圖層，重疊至發光效果的最上
層，將合成模式變更為「相加（發光）」，然後降低不透明度進行調整。

B 在符咒上增加圖樣 。預先製作一個描繪了圖樣的材質素材檔案，然後沿著符
咒的形狀變形處理後重疊上去。將合成模式設定為「色彩增值」，顏色便能
彼此融合。這步驟本身雖然單純，不過需要一些耐心。

C 石燈籠的照明也以相同的方式，使其發光。

D 狐狸石像的眼睛對整體而言，雖然屬於枝微末節的部分，但是讓眼睛發光，可以強調狐狸石像的存在感。

E 描繪山頂上如同結界一般的效果。

F 因為畫面上增加了不少發光部分，導
致鳥居的紅色變得不顯眼，所以要以
合成模式「覆蓋」的圖層來進行調
整，增強加深紅色。

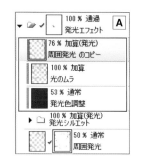

加深鳥居的紅色

5-7 加上山間注連繩和整體霧氣

描繪掛在山間的注連繩。這也是在草稿階段就已經計畫好的構圖元素。

更進一步在畫面整體增加了霧氣。如此便能一口氣提高山峰的感覺。

此外，之所以將霧氣保留到最後階段才增加，是因為想要好好描繪被霧氣隱藏遮住的部分。就算最後會因為霧氣的關係而看不見，但那些地方的細節是否有好好描繪出來，會對周圍的完成度造成影響。請不要偷懶，將細節都描繪出來吧。

A 描繪懸掛在山間的注連繩。細節不需要過度描繪，只要最後再加上增強後的亮部即可。

B 在畫面整體增加霧氣。使用「雲 硬」、「雲 軟」、「雲 朦朧」等筆刷，甚至一部分可以使用「 3-4 」的材質素材建立雲朵的選擇範圍來進行描繪。

5-8 調整畫面整體色彩後即告完成

最後要調整整體的色彩，使畫面顯得更加洗練。並且加強了山峰的地面部分與樹叢部分的色調差異。

修飾完稿後，將女孩子加上去就完成了。

A 在所有圖層的最上層，建立一個色彩調整用的圖層資料夾，並將合成模式設定為「通過」。這麼一來，在圖層資料夾內描繪的合成模式效果，也會適用於圖層之外。以天空為中心，使用「相加（發光）」或「變亮」、「覆蓋」的合成模式，調整畫面整體的色彩，並加強顏色之間的差異，使畫面顯得更加洗練。

B 將女孩子描繪上去就完成了。

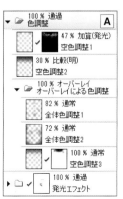

COLUMN

如何拍出方便好用的照片

一張好看的攝影作品，與方便使用於插畫的照片不同。作為攝影作品單獨欣賞時，所謂的好作品，大多是將光線的感覺與對比度拍攝得別具特色的照片。不過那特色作為照片素材使用時，可能反而不方便使用。因此，使用在插畫上的照片，即使是外行人拍的照片也沒有關係。

拍攝時使用的相機也無須是高性能的產品，請以行動電話或智慧型手機的相機功能盡情地拍攝吧。

以下為各位整理出拍攝照片時的幾個重點。

外輪廓與細節質感

對於一個拍攝對象，要去分析自己受到哪個部分的吸引。是受到外輪廓的有趣程度、複雜程度吸引的嗎？還是因為受到細節質感的吸引呢？

如果是外輪廓的話，在陰天這種光線影響力較弱的狀態，或是以逆光角度拍攝，後續加工起來會比較容易。選擇取景構圖的時候，最重要的是能夠與外輪廓以外的部分進行區別。

反過來說，若是受到細節或質感的吸引，選擇中午過後到傍晚之間光線強烈的時刻，在陰影的對比度最為凸顯的狀態下拍攝的照片，會比較適合當作素材使用。

當然，最好 1 次出外拍攝就能夠分別拍到 2 種不同用途的照片，但受限於天候或時刻對光線的影響，可能有些困難也說不定。

規模感

素材要使用在哪種距離感（近景、中景、遠景），也是拍照時重要的考量因素。

實際上，照片內物體的距離感，直接就是當作插畫的素材配置時最適切的距離感。考量到這一點，拍照時請依照不同的距離感，分別拍攝對象物體吧。

由於這部分不會受到時刻等因素的影響，相信可以在 1 次的拍攝行程中，收齊好幾種不同距離的取景模式。

仰視、俯瞰

這部分主要是指對於透視法（第 34 頁）影響較大的人工物體。拍攝時要去考量拍攝對象相對於插畫的構圖，是否符合透視法？當然，要做到與透視線完全一致的取景角度相當困難，但至少要明確地找出視平線所在的位置，並以其為基準，判斷照片中哪些部分帶點仰視的感覺（反過來說即為俯瞰的感覺），這是在素材取景時千萬不可缺少的環節。

除此之外，也會有拍攝當下還沒有特別明確的構圖計劃，後續才會去多方嘗試如何運用素材的情形（應該說幾乎都是這樣吧）。這個時候一樣可以預先考量視平線的位置，分別以幾種不同的角度多拍攝幾張照片會比較好。

像這個樣子，即使是相同的拍攝對象，也會因為用途不同，而有必要分別取景拍攝。雖然要滿足所有的使用條件有其困難，不過請盡可能地收齊各種不同類型的照片吧。

使用智慧型手機盡量多拍一些自己喜歡的景色

第**4**章

將照片處理為插畫風格

照片處理概要和各季節特徵

本章並非將照片使用於插畫，而是要為各位解說如何將照片處理成動漫插畫風格的技巧。在此我們把一張春天的櫻花行道樹的照片當作底圖，運用 CLIP STUDIO PAINT PRO 的功能，表現出春夏秋冬與白晝黑夜的不同變化。這對於學習繪圖軟體的功能來說，是再好也不過的題材，因此請各位一定要動手實作看看。

📷 用來加工的原始照片

這是一張小貝川交流公園的櫻花林蔭道樹照片。春夏秋冬、白天黑夜的變化，都要使用這張照片進行示範。各位看到原來的照片即可得知，天空是陰天，整體的色彩都很暗沉。畫面上有很多地方都光線不足黑成一片，而我們要去緩和這樣的照片感，將畫面加工成動漫插畫風格。

此外，畫面上雖然有天空、樹木、道路、扶手欄杆、灌木等組合零件，但因為原始檔案是一整張的照片，當然不會區分為不同的圖層。因此，過程中會一邊在照片上重疊增加新的圖層，一邊進行加工。請注意，這樣的步驟，與在新畫布上描繪插畫時的圖層結構會完全不同。

＊這裏使用的照片，皆已獲得「小貝川交流公園」授權。

春 製作過程由第 96 頁開始

用來表現出春天感覺的關鍵字有以下幾個詞句

・溫暖
・和絢的陽光
・盛開櫻花
・初春的強風

因為照片原本就是春天，所以主要是藉由調整畫面整體的顏色與光線的狀態，處理為動漫插畫風格。強調出盛開的櫻花、和絢的陽光、初春的強風等春天的感覺。實際上櫻花的顏色並沒有如此粉紅，但處理成有些誇張的粉紅色較有插畫的感覺。

夏 製作過程由第 106 頁開始 ▶

用來表現出夏天感覺的關鍵字有以下幾個詞句

・炎熱
・強烈的陽光
・清爽的藍天與高聳的積雨雲
・深綠色的樹木
・大海
・螢火蟲
・煙火

在此範例我們要將白天加工成為夜景。
但如果只是漆黑一片，就無法得知季節是在夏天，
因此在畫面追加了煙火與螢火蟲，表現出夏天的感覺。

秋 製作過程由第 114 頁開始 ▶

用來表現出秋天感覺的關鍵字有以下幾個詞句

・紅葉
・落葉
・月亮
・秋刀魚、烤地瓜等食物

相較於春天及夏天，景觀的彩度實際上是比較低的。但秋天的紅葉及黃昏夕照的紅色、黃色、橘色，都帶給我們相當強烈的色彩印象。將畫面整體加工近似誇張的鮮明暖色，看起來會更有插畫風格。此外，與春天的輕舞飛揚不同，緩慢飄落的樹葉也是畫面中呈現的重點。

冬 製作過程由第 122 頁開始 ▶

用來表現出冬天感覺的關鍵字有以下幾個詞句

・寒冷
・微弱的陽光
・低彩度的景觀
・雪
・樹葉落盡的樹木

藉由降低畫面整體的彩度、落盡的樹葉、再加上雪或霧的描繪來表現出寒冷的感覺。
與其他的季節相較之下，微弱的陽光是畫面呈現的重點。

春

原本的照片就是在春天拍攝的,但我們還是要將櫻花與天空的色彩調整得更加鮮明,處理成為動漫插畫風格。由於櫻花是構圖的主體,因此要呈現出幾近誇張的粉紅色。此外,「1-1」～「1-5」的工程是為了進行照片處理的事前準備工作,也可以當作之後的夏天、秋天、冬天等季節變換的底圖使用。

1 調整色調預作準備

1-1　將基底照片調亮,將黑色部分調淡

一開始先要減少原相片的照片感,調整成方便後續處理的色調。此階段不能讓色彩變更的幅度過大,請注意不要讓畫面出現極端的色調。「 1-1 」～「 1-5 」不只可以用於春天,也是進行夏天、秋天、冬天等季節變換加工時的共同步驟。

首先,作為底圖使用的照片過於灰暗,因此要將整體調整為明亮。將畫面調亮還有一個目的,是要讓光線不足黑成一片的部分的顏色變淡。

此外,底圖的照片希望能夠原封不動保留下來,因此要使用「色調補償圖層」來進行色彩調整。

A 將季節變換的底圖檔案「照片:季節變換底圖」以【檔案】選單→【讀取】→【圖像】的步驟,讀取至畫布。讀取後的照片,請務必以【圖層】選單→【點陣圖層化】(第 46 頁)進行處理,調整成可以編輯的狀態。

B 以【圖層】選單→【新色調補償圖層】→【色相彩度明度】的步驟,建立色調補償圖層(第 25 頁)。稍微增加彩度與明度的數值,使整體的顏色變得明亮,黑色部分變得淡薄。

照片:季節轉換底圖　A

將整體的色彩調亮　B

黑色部分變得較淡

色相・彩度・明度　B

色相(H): 0　OK　キャンセル

彩度(S): 6

明度(V): 10

1-2　將照片以覆蓋模式重疊,使顏色更鮮明

使用合成模式(第 21 頁)「覆蓋」,讓顏色更加清楚明顯,為照片加上強弱對比。

A 將為作底圖使用的原始照片以【圖層】選單→【複製圖層】複製後重疊在上層,將合成模式設定為「覆蓋」。

進一步,以【編輯】選單→【色調補償】→【色相・彩度・明度】的步驟,增加彩度、明度的數值,使顏色更加清楚明顯。但發現顏色稍微有點過於清楚明顯,因此將重疊在上層的照片的不透明度調降至「70%」。

A

70 % オーバーレイ
写真:季節変えベース のコピー

100 % 通常
色相・彩度・明度 1

100 % 通常
写真:季節変えベース

色相・彩度・明度　A

色相(H): 9　OK　キャンセル

彩度(S): 15　✓ プレビュー(P)

明度(V): 30

1-3　將畫面右側顏色加深，強調整體對比度

右側的顏色淡薄，感覺有些平淡無味，因此使用漸變貼圖工具（第 19 頁）將顏色稍微調深。也因為如此，稍微強調出整體的對比度。在這裏使用的合成模式是「柔光」，若是還想要再調深的話，請改用「覆蓋」。

A 在「 1-2 」建立起來的圖層之上，以合成模式「柔光」建立圖層，接著再由畫面右側開始建立灰色的漸變貼圖，使顏色變得濃厚。

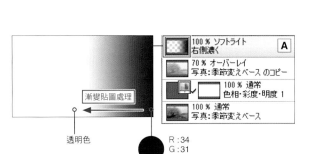

漸變貼圖處理

透明色

R：34
G：31
B：36

稍微加深

A

1-4　以濾色模式將整體色彩調淡

強調對比度能在畫面上增加強弱對比，減少原始照片的平板無趣感，但如果照這個樣子，整體的顏色會偏向濃厚，不適合處理。
因此要在畫面整體加上淡淡地藍色，使整體的顏色變得淡薄，又不至於影響到好不容易建立起來的對比度。

A 在「 1-3 」建立起來的圖層之上，以合成模式「濾色」建立圖層，然後再以【編輯】選單→【塗色】的步驟，使用藍色進行填充塗色處理。將不透明度降低至「40%」左右，整體的顏色會變得略為淡薄。處理時請注意不要破壞掉好不容易建立起來的整體對比度。

R：4
G：70
B：102

填充塗色

A

1-5　製作天空底色

天空在插畫的整體形象中占據了相當大的部分，可以用來呈現出季節或天候、時刻等等場景環境。底圖照片是在陰天拍攝，看起來極為平淡無奇。因此，處理成不同季節時，要在天空貼上其他的照片來加上變化。將天空分隔開來，同時也等於是將圖層作出區隔，好處是可以讓後續處理變得比較容易。

因此，我們要將照片中不需要的天空部分進行填充塗色處理，事先建立出底層。再將另外讀取的照片設定剪裁（第 20 頁）為這個底層的範圍，使天空的形象符合季節的感覺。

底圖的照片是陰暗的天空，顏色平均沒有變化。因此，只要使用「色域選擇」（第 23 頁）就可以輕易地建立天空的底層部分的選擇範圍。接著將建立起來的選擇範圍在另一個圖層進行填充塗色處理，用來作為之後的天空底層。

此外，「 **1-1** 」～「 **1-5** 」是任何一個季節都共通的作業。如果將到目前為止的作業成果存檔成另一個檔案備用的話，可以縮短其他的季節的作業時間。

選擇底圖照片的圖層

A 透過圖層面板選擇在「 **1-1** 」讀取進來的底圖照片的圖層。

B 執行【選擇範圍】選單→【色域選擇】，將「顏色的允許誤差」設定為較高的「20」。在照片的天空部分點擊滑鼠左鍵，建立選擇範圍。

C 以【選擇範圍】選單→【邊界暈色】（第 22 頁）的步驟，將建立起來的選擇範圍的邊緣進行暈色柔化處理。「暈色範圍」設定為「2～4px」。

點擊此處建立選擇範圍

將選擇範圍塗色處理製作成底層

「色域選擇」與「邊界暈色」要一併考量執行

透過「色域選擇」建立起來的選擇範圍，因為還沒有進行邊緣柔化處理，外觀呈現鋸齒狀，所以要先使用「邊界暈色」來讓邊界看起來較為柔和。「暈色範圍」的數值設定在「2～4px」左右。請務必將這 2 種處理當作是一套來執行。以後只要使用了「色域選擇」功能，接著就請執行「邊界暈色」處理。

D 將選擇範圍填充塗色處理成任何顏色（在這裏是藍色）。這個顏色會配合不同季節貼上的照片進行調整。

此外，避免不了會出現單靠色域選擇無法完成選擇部分或是選擇過度的部分。像這樣的部分，可以用筆刷塗色補足或著是以橡皮擦擦消去進行調整。

② 處理天空

2-1 讀取天空的照片進行配置

由此開始正式地將照片處理成春天的插畫風格。

首先要處理天空，將自己心目中的印象一口氣具體呈現出來。

選擇一張透過積雲的間隙可以看得見藍天，最為符合春光明媚印象的照片。

首先要將照片設定剪裁為「 1-5 」建立的天空底層圖層範圍，把天空替換掉。

A 讀取 2 張「照片：天空（春天）」使其重疊。

B 在所有圖層的最上方建立圖層資料夾，將「 1-5 」建立天空的底層圖層放入資料夾。

將 **A** 讀取的照片搭配天空的外形進行變形處理，並排配置於一旁，然後設定剪裁為天空的底層圖層範圍。如此一來，整個天空的範圍就會替換成讀取的照片。重疊不自然的部分，以橡皮擦刪除後使其融入周圍。畫面右下方不要的樹木與電線，使用「色彩混合」工具的「複製圖章」（第 55 頁）將其刪除。此外，刪除的作業請務必使用圖層蒙版（第 24 頁）進行。

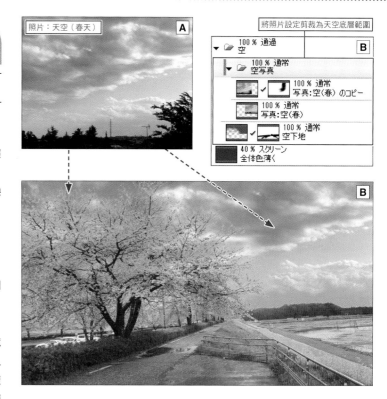

2-2 使用覆蓋模式強調天空的藍色

強調藍色及水藍色，一口氣提升插畫感，豐富畫面。尤其春天和夏天是天空蔚藍最為醒目的季節。

因此要使用合成模式「覆蓋」的圖層，強調出天空中的藍色。

A 在「 2-1 」配置完成的照片之上，建立合成模式「覆蓋」的圖層資料夾，再與「 2-1 」同樣設定為使用下一圖層剪裁。

在圖層資料夾中建立圖層，填充塗色處理成水藍色，就能強調出天空的藍色。

此外，天空的上部位在畫面前方這側；而下部則在畫面深處那側，透過漸變貼圖處理將上部色彩調整為濃厚，下部色彩調整為淡薄，便能夠以空氣遠近法（第 34 頁）呈現出透視。

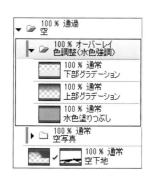

③ 處理樹木

3-1 將櫻花調成鮮艷粉紅色

樹木，對於季節變換插畫來說，是形成主體的要素。特別是對於春天的插畫，櫻花的粉紅色相當重要。
當天空的色彩調整成為清楚明顯的藍色後，櫻花的顏色就略嫌不足了。因此，我們要將其調整成鮮明的粉
紅色。像這樣甚至有些刻意的粉紅色，可以增添插畫風格。櫻花的顏色在照片上的相似色很少，很簡單就
能夠以「色域選擇」建立選擇範圍。

Ⓐ 在處理天空的圖層資料夾之上建立新圖層資料夾。
以「 1-5 」相同的方式，使用「色域選擇」建立櫻花的選擇範圍（這個時候的「顏色的允許誤差」要
設定得低一點）。
將選擇範圍填充塗色，以【濾鏡】選單→【模糊】→【高斯模糊】（第 26 頁）來大範圍模糊處理。
將合成模式設定為「相加（發光）」，可以增加顏色的鮮明度。
此外，在這裏同樣會有單獨使用色域選擇無法完全選擇的部分或是過度選擇的部分。像這樣的情況，
要以筆刷塗色處理補足或是以橡皮擦擦去處理進行調整。
然後複製高斯模糊處理過的圖層後，設定為「覆蓋」。於是就形成了接近刻意的粉紅色。

3-2 增加花瓣分量感

在櫻花樹上分別建立明亮部分與陰暗部分的花瓣層，提升樹木
整體的分量感。

Ⓐ 將「 3-1 」以「高斯模糊」進行模糊處理的部分，使用
「色域選擇」建立選擇範圍。

將模糊處理過的部分製作選擇範圍

以接近白色的明亮粉紅色進行塗色

Ⓑ 在「 3-1 」建立起來的圖層之上，建立合成模式「加算（發光）」的圖層，
再以接近白色的明亮粉紅色進行填充塗色處理。這麼一來，櫻花的顏色就會
形成強弱對比，也可以提升樹木的分量感。

Ⓒ 樹木內側的花瓣部分以合成模式「色彩增值」的圖層進行調暗。像這樣將明
亮色、中間色、暗色分層套疊的方式，可以營造出立體感。

遠處較暗

Point

將櫻花調整成誇張的粉紅色

實際上櫻花的顏色並非呈現如想像般的粉紅色，反而比較接近白
色。賞花的時候，相信有很多人會有「咦？」這樣的反應吧。不
過這與天空的蔚藍色相同，「櫻花等於粉紅色」是一種刻板印
象。強調這個刻板印象，可以更加凸顯出櫻花的感覺，也可以當
作畫面上吸引目光的重點。

4 加上陰影

4-1 手工描繪陰影

增加落在地面上的櫻花樹陰影，以及沒有受到光線照射部分的陰影。

這裏不使用色域選擇，而是要以手工描繪的方式進行。因為沒有必要正確地描繪出落在地面的櫻花樹陰影形狀，只要掌握到大致上的形狀，將其描繪出來即可。

場景時間是在白天，太陽位於高處，而且春天的陽光比較明亮，因此接下來的步驟要追加明亮色的光線。考量到這樣的處理順序，事先就要追加一些顏色較深的陰影，以便營造出畫面的強弱對比。

在資料夾中製作圖層並描繪陰影

A 在處理櫻花樹的圖層之上，建立合成模式「色彩增值」的圖層資料夾，並在資料夾中一邊建立圖層，一邊描繪陰影。

B 落在地面的櫻花樹陰影形狀不需過於嚴謹。
在「 3-2 」已經將櫻花的陰暗部分進行過塗色處理，在此則要進一步增加較深顏色的陰影作為補強。

4-2 使用材質素材，增加質感

只有加上陰影的話，畫面還是略嫌不足，因此要使用材質素材，增加道路上的質感。
材質素材的製作方法、使用方法也請一併參考「將照片材質素材作為素材使用」（第 28 頁）或第 3 章。

A 將「材質素材：地面」在另外一張畫布開啟。

B 複製開啟的材質素材，貼至原本進行作業的畫布上。配合道路的縱向延伸的形狀進行變形處理後，配置在道路上。

C 在配置材質素材的圖層快取縮圖上，以 Ctrl ＋點擊滑鼠左鍵來建立選擇範圍（第 23 頁）。
然後將選擇範圍反覆執行以「柔化輪廓」的筆刷進行塗色，或是以橡皮擦消去處理等微調整，增加道路的質感。

材質素材：地面

貼上材質素材，並配合道路的延伸進行配置

由材質素材建立選擇範圍後，以塗色處理或刪除消去來增加質感

5 增加光線

5-1 大範圍光線照射

考量到日間的太陽高度以及春天特有明亮而且和絢的陽光，要在整個畫面都打上亮光。訣竅是要清楚明確的呈現陰影的顏色差異，營造出強弱對比。

A 在描繪陰影的圖層資料夾之上建立合成模式「相加（發光）」的圖層資料夾，在資料夾中一邊建立圖層一邊打上亮光。

B 考量畫面中陰影的強弱對比，大片地打上亮光。樹木的形狀與陰影相同，不需太在意細節。

5-2 使用材質素材，加上光線照射

矮樹叢的灌木部分使用「材質素材：灌木」一邊增加質感，一邊打上亮光。

雖然說可以由底圖照片來建立材質素材，不過大範圍的光線照射比較能夠表現出陽光自樹葉縫隙間灑落的感覺，因此刻意地使用其他的照片來建立材質素材。

除此之外，道路也使用與陰影相同的材質素材來增加質感。不過與陰影的處理相反，是在明亮部分增加質感，因此自材質素材建立起來的選擇範圍也要經過反轉處理。

A 在灌木的部分，與「 4-2 」的道路相同，使用材質素材打上亮光。將「材質素材：灌木」貼上後，配置於想要打上亮光的部分。

B 在材質素材的圖層快取縮圖上，以 Ctrl ＋點擊滑鼠左鍵來建立選擇範圍。若選擇範圍直接進行塗色處理，會變得太過灰暗，因此要將選擇範圍反轉，建立透明部分的選擇範圍。在反轉後的選擇範圍進行塗色處理，可以表現出陽光自樹葉縫隙間灑落的感覺。

C 道路也和「 4-2 」相同，使用材質素材加上質感。將材質素材配合道路的縱向延伸變形之後配置於道路上。

D 自材質素材建立選擇範圍。這裏同樣是要在打上亮光的部分增加質感，若是直接在建立起來的選擇範圍塗色，會變得太過灰暗。因此要將選擇範圍反轉後，重覆進行以筆刷塗色、橡皮擦刪除的微調整，一邊在道路上增加質感。

材質素材：灌木

由材質素材製作選擇範圍，反轉後塗色

材質素材：地面
貼上材質素材，配合地面的縱向延伸去配置

由材質素材製作選擇範圍，反轉後重覆塗色與刪除來增加質感

6 修飾完稿

6-1 將周圍調暗，讓視線聚集在中央

藉由「 6-1 」～「 6-3 」的步驟來進行畫面整體的色彩調整。色彩調整的設定數值雖然各有不同，但對於任何一個季節來說都是共同步驟。

首先要將畫面的四周圍稍微調整變暗。這個作業的目的，是要讓視線集中在畫面中央。明確的視線誘導，可以一口氣提升插畫感。

此外，視插畫的不同構圖而定，有時候不見得會將四周圍都調暗，而是只將下部或上部的畫面邊緣調整變暗。這要依照不同的插畫作品，來區分不同的處理方式。

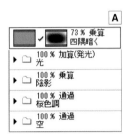

四周圍調暗

A 在描繪亮光的圖層資料夾之上，建立合成模式「色彩增值」的圖層，將畫面四周圍塗色處理成稍微黯淡。將圖層的不透明度降低，調整至不要變得太過灰暗。這麼一來，視線就會集中在畫面中央。

	73 % 乘算 四隅暗く
▶ □	100 % 加算(発光) 光
▶ □	100 % 乘算 陰影
▶ □	100 % 通過 桜色調
▶ □	100 % 通過 空

6-2 一口氣提升插畫感

一口氣處理成插畫風格。

在畫面上部以漸變貼圖進行處理，模糊處理畫面時，要考量到太陽造成的眩目刺眼。這是在動畫的背景也經常使用的加工處理，可以加強呈現出插畫感及動畫感。

更進一步，使用「變亮」圖層，將陰暗部都替換成藍色系的顏色。強調天空的蔚藍對畫面整體造成的影響。讓畫面整體呈現偏藍色，可以降低照片感，增強插畫感。請看看畫面是否變得如同風景插畫或動畫的背景一般呢？

漸變貼圖處理

A 在「 6-1 」建立起來的圖層之上，建立合成模式「濾色」的圖層，再以畫面上部為起點，進行漸變貼圖處理。這是考量到太陽造成的眩目刺眼，刻意藉由模糊處理的呈現方式，加強畫面的插畫感。

B 在 **A** 之上建立「變亮」的圖層，以深藍色進行填充塗色處理。這麼一來，畫面上接近深綠色或黑色的部分便會帶些藍色，可以降低照片感，同時又能增加插畫感。

	100 % 比較(明) 全体青色強調
	100 % スクリーン 上部グラデーション
	73 % 乘算 四隅暗く
▶ □	100 % 加算(発光) 光
▶ □	100 % 乘算 陰影
▶ □	100 % 通過 桜色調
▶ □	100 % 通過 空

將陰暗部分置換成深藍色，讓整體畫面帶著藍色

6-3 營造畫面強弱對比

強調畫面的遠近感、顏色的強弱對比,再加上空氣感。

到此為止色彩調整就完成了。

再次重申,「 6-1 」〜「 6-3 」的色彩調整設定數值雖然各有不同,但對於任何一個季節來說都是共同步驟。

A 在「 6-2 」以深藍色塗色後的圖層之上,建立合成模式「濾色」的圖層,加強視平線附近的水藍色,強調遠近感。這個作業會使得視平線附近變得稍微有些朦朧,增加獨特的空氣感。接下來建立「覆蓋」的圖層,對櫻花樹中央的明亮部分進行塗色處理,使其更加明亮凸顯,藉此加上顏色的強弱對比。

更進一步,以「相加(發光)」的圖層,讓受光面樹枝前端的花瓣變得明亮。像這樣強調出明亮的部分,也有將視線集中在畫面主體的櫻花樹中央的效果。

Point

照片的視平線

照片中當然也存在著視平線。以這次使用的照片來說,黃線的部分就是視平線。

視平線

將櫻花樹中央調得更亮些

增加朦朧的天藍色,強調遠近

6-4 加上飛舞花瓣

描繪被春風吹落飛舞的櫻花瓣。這也是屬於動漫插畫風格表現手法的一種。在畫面上配置花瓣時,要讓觀者感受到乘風飄揚的感覺。除了縱向或橫向之外,也要意識到前後縱深的風向流勢。

A 在畫面上配置花瓣時,要讓觀看者感受得到風勢流動的方向。除了縱向或橫向之外,也要意識到前後的縱深。

B 使用「花瓣飛舞」的筆刷描繪花瓣的外輪廓。

C 在 **B** 的圖層之下建立圖層。由 **B** 的圖層建立選擇範圍,放大選擇範圍後,以相同的顏色進行填充塗色,再以「高斯模糊」處理。為了要在畫面前方與深處製造落差來營造出遠近感,因此要以下述的設定加上變化。

畫面前方:選擇範圍放大「5px」,高斯模糊範圍「50」
畫面深處:選擇範圍放大「3px」,高斯模糊範圍「30」

意識到風的流動方向

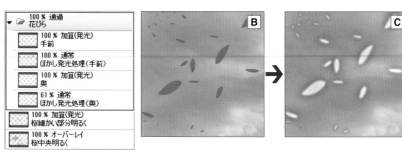

6-5 ｜ 描繪雲隙光

描繪來自天空的雲隙光，在畫面加上空氣感。這也是插畫或動畫的背景經常會使用的處理手法。
但雲隙光的數量也不是描繪得愈多愈好。特別要注意避免遮蓋到插畫的主體部分（在這裏是櫻花樹
的中央以及樹底下的道路）造成妨礙。

A 使用透視規尺（第 79 頁），建立光源由右上朝左下照射的雲隙光指引線。使用「主要塗色」
的筆刷，沿著指引線描繪出光線。請注意不要遮蓋到櫻花樹中央，以及樹底下的道路等畫面的
主體部分。

B 對 A 進行高斯模糊處理，將合成模式設定為「相加（發光）」，
接著降低不透明度，於是來自天空的雲隙光就完成了。如果感覺光
線太過強烈的話，可以使用橡皮擦淡淡地擦去一些，調整成為漸變
貼圖處理般的感覺。

6-6 ｜ 以光暈效果使其發光後即告完成

加上光暈效果（使物體彷彿朦朧發光般的效果）、調整對比度，最後將女孩子描繪上去便完成了。

A 以【圖層】選單→【組合顯示圖層的複製】來將目前為止進行描繪的圖層結合在一起。再將結合的圖層複製後以「高斯模糊」處理，藉由色調補償來強調
對比度。將合成模式設定為「覆蓋」，並降低不透明度後，可以讓插畫的對比度變得更清楚明確，使畫面看起來更加洗練。這樣的處理同時也會有光暈效
果，讓整個畫面像是在發光一般。
如果感覺發光太過強烈的話，以圖
層蒙版進行調整。

B 將女孩子描繪上去後就完成了。

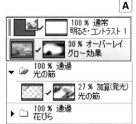

夏

以夏天的夜晚為印象進行照片處理。構圖的主體是綻放在夜空中的煙火。因為場景的時間是在夜晚，畫面整體較為灰暗，但如果只是漆黑一片的話，又顯得太過無趣，因此要在畫面各處加上光亮，營造出插畫所特有的空氣感。這裏的學習重點在於透過圖層的合成模式來改變時刻的技巧。只要經過簡單的步驟，就能夠一口氣將畫面變更為夜晚。

1 天空的處理

1-1 讀取天空的照片進行配置

首先要進行春天的「 1-1 」〜「 1-5 」（第 96 頁〜第 98 頁）的處理。這是任何一個季節都相同的步驟。接下來，與春天相同，對影響插畫印象程度最大的天空進行處理。這裏我們選擇了拍攝到清爽的藍天與積雨雲的夏季天空照片作為加工素材。雖然是白天的照片，但會在接下來的加工過程中處理成夜晚。

A 進行與春天的「 1-1 」〜「 1-5 」相同的工程。

B 讀取 2 張「照片：天空（夏天）」後，進行重疊。

C 與春天的「 2-1 」（第 99 頁）的步驟相同，將讀取的照片設定剪裁為春天「 1-5 」建立的天空底層圖層範圍後，進行配置。改變左側與右側的照片尺寸，將右側反轉後，配置成為不規則性。此外，也要適當變更底層的顏色。

照片：天空（夏天）　B

將尺寸縮小，反轉後配置於此

1-2 將天空調整成夜色

將「 1-1 」貼上的天空照片處理成為夜空。考量到作為插畫的畫面豐富性，天空不要只是單純的漆黑一片，將下部以漸變貼圖處理變得明亮。

A 將合成模式「色彩增值」的圖層，設定剪裁為「 1-1 」配置完成的照片範圍，填充塗色成深藍色，呈現出夜晚的黑暗。將上部以漸變貼圖處理的方式，使顏色變得更灰暗。並且考量作為插畫的畫面豐富性，刻意地將下部以「相加（發光）」的圖層使其變得明亮。

此外，由於事先預期到之後的步驟會讓樹木調整變暗，因此先將樹木的周圍以「濾色」的圖層處理變得明亮，以免埋沒在天空的黑暗之中。

調暗

調亮

將樹木周圍調整明亮

1-3 加上煙火

加上夏天夜晚的美景煙火。

也可以當作漆黑一片的夜空的光源，增加畫面華麗豐富感。

A 讀取「照片：煙火 a」、「照片：煙火 b」、「照片：煙火 c」、「照片：煙火 d」。

B 在天空的圖層資料夾最上層建立合成模式「相加（發光）」的圖層資料夾，將讀取的照片放入其中，再貼至夜空。透過貼上「相加（發光）」，可以節省裁剪各張照片的夜空黑色部分的作業流程。

如果畫面上的煙火顯得不自然格格不入的話，可以用橡皮擦將邊緣消去後，使其融入周圍。

C 在 B 之下建立「相加（發光）」的圖層後，以「柔化輪廓」之類的模糊筆刷淡淡地塗色。這麼一來，可以表現出煙火的煙霧受光線照射，周圍朦朧地變得明亮的樣子。如果感覺顏色太過強烈的話，可以降低圖層的不透明度來進行調整。

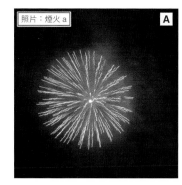

照片：煙火 a ▢A

照片：煙火 b ▢A

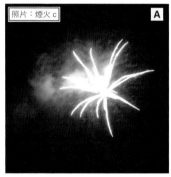

照片：煙火 c ▢A

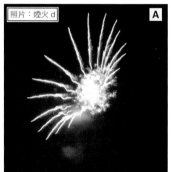

照片：煙火 d ▢A

▢B 配置照片並使其融入夜空

▢C 煙火的周圍以模糊的筆刷淡淡地塗色處理，表現煙霧受光線照射發光的樣子。

D 描繪出煙火的顏色反射在雲層的影響。使用「色域選擇」，建立雲層部分的選擇範圍。在 C 之下建立「加亮顏色（發光）」的圖層資料夾，考量附近的煙火顏色，將選擇範圍淡淡地塗上近似的顏色。並且設定為「加亮顏色（發光）」，如此便能在不過度強調對比度的狀態下，使選擇範圍變得明亮。如果感覺顏色太過強烈的話，請降低圖層的不透明度來進行調整。

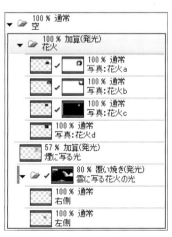

▢D 反射在雲層上的煙火色彩

2 一口氣轉換成夜晚

2-1 使用漸變貼圖將整體調暗

在照片上以「色彩增值」進行漸變貼圖處理，讓整體畫面一口氣調暗，調整成為夜晚場景環境。

以圖層的架構而言，這個處理要在天空的圖層之下進行。雖然在春天的插畫沒能派上用場，但像這樣把決定插畫印象的天空與其他的部分以圖層區隔清楚，後續的處理會變得非常容易。

A 在處理天空的圖層資料夾之下建立新的圖層資料夾。

合成模式設定為「通過」，可以讓圖層資料夾中的圖層效果同樣適用於資料夾之外的圖層。

在圖層資料夾中建立「色彩增值」的圖層，並且以深藍色在畫面的上部朝向下部進行漸變貼圖處理。就能讓場景環境一口氣轉變成夜晚。

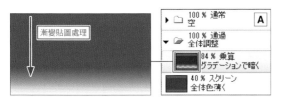

2-2 強調樹木外輪廓

將畫面前方的樹木以「 1-2 」的步驟，將周圍變得明亮凸顯出外形，但感覺還是隱沒在黑暗的天空背景之中。

因此，要在畫面前方的樹木上部以「色彩增值」進行漸變貼圖處理，進一步處理強調出外輪廓。

如此一來，與天空的區別就相當清楚明確了。在這樣的夜晚場景環境，實際的風景會融入天空的夜色無法區分。

不過當我們將外輪廓處理得楚清楚明確，與天空的邊界形成明顯區隔，對於插畫來說，畫面顯得較為豐富。

A 在「 2-1 」建立起來的圖層之上，再建立一個合成模式「色彩增值」的圖層，並在畫面前方的樹木上部進行漸變貼圖處理。這樣就能強調出樹木的外輪廓。

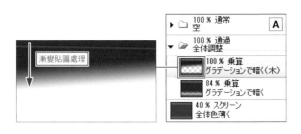

2-3 減少地面照片感

畫面下部的地面還殘留著不少照片感，所以要增加以夜晚為印象的藍綠色來調整成插畫風格。更進一步要在最近景的道路部分打上亮光。除非有電燈之類的光源存在，否則應該不會出現光亮，但對插畫而言，在畫面上增加強弱對比會較有效果，而且也能讓視線集聚到中央。

A 在「 2-2 」建立起來的圖層之上，再建立一個合成模式「覆蓋」的圖層，然後以藍綠色進行填充塗色處理。除了可以強調出夜晚的地面感覺，同時也能降低照片感，調整成插畫風格。

接著再建立新圖層，增加道路的明亮部分。

雖然實際上並沒有電燈之類的光源，但像這樣刻意將近景調整變得明亮，除了增加畫面的強弱對比，也可以讓視線集中在畫面中央。

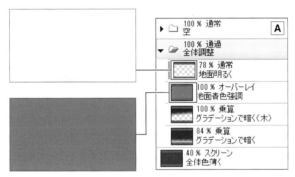

加上藍綠色來降低照片感，調整成插畫風格

刻意製作出明亮部分，增加畫面的強弱對比

2-4 使用材質素材增加樹葉

使用由照片建立起來的材質素材，描繪出畫面前方樹木的樹葉部分。這個處理的目的是為了增加分量感，所以要注意不讓畫面變得過於明亮。

材質素材的製作方法、使用方法，請一併參考「將照片材質素材作為素材使用」（第28頁）或第3章。

材質素材：森林

A 將「材質素材：森林」開啟在另一個畫布上。

B 複製開啟後的材質素材，貼上原本就在進行作業的畫布上。

與春天的「 4-2 」（第101頁）相同，將材質素材配合樹木的輪廓變形處理後，配置於畫面上。

C 在圖層的快取縮圖上以 Ctrl ＋點擊滑鼠左鍵來建立選擇範圍後，將其反轉。在加工天空的圖層資料夾之上，建立新的圖層資料夾，並在資料夾中建立合成模式「相加（發光）」的圖層，然後將選擇範圍以明亮的顏色填充塗色。一邊增加質感一邊增加樹木的分量感。進一步，以「樹葉摘出」、「樹葉摘出（大）」的筆刷增加描繪明亮的部分。

貼上材質素材，配合樹木進行配置

由材質素材建立選擇範圍後反轉，以明亮色增加樹葉

2-5　強調遠近

畫面整體色彩黯淡顯得平淡無奇，因此要利用空氣遠近法來強調遠近。
只要將畫面前方樹木的下部調整變亮，就能夠營造出遠近感。這樣的處理，一方面也有讓邊緣更為明顯，強調出樹木外輪廓的意圖。

A 在處理樹木的圖層資料夾之上，建立合成模式「濾色」的圖層資料夾。

接著在資料夾中建立圖層，針對下部進行塗色處理調整變亮，讓樹木的邊緣更明顯，強調出遠近。

 →

將下部調亮

2-6　積極運用可以強調遠近的部分

將右側扶手欄杆的間隔也調整變亮，強調出遠近感。扶手欄杆的線條本身就能凸顯出透視法，是用來強調遠近感再好也不過的方式。
雖然除了樹木與扶手欄杆以外，還有很多部位可以強調出遠近，但如果處理過度的話，整個畫面會變得過於明亮。這麼一來，就會失去作為夜晚場景的插畫特色，因此處理到這裏就可以了。

A 右側的扶手欄杆本身就對於透視法的影響很大，因此只要將扶手欄杆的間隔以「濾色」的圖層來調整變亮，就能強調出遠近。

B 雖然還有很多能夠營造出遠近感的部分，但如果處理過度的話，就會失去作為夜晚場景的插畫特色，因此要適可而止。

將扶手的間隔調亮

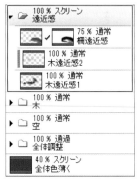

3 增加光線

3-1 大範圍光線照射

在這幅插畫中，煙火是直接的光源，因此要考量到這個因素將光線描繪上去。

稍微誇張地打上亮光，是營造出插畫風格的訣竅。

樹木在缺少光線狀態下會呈現出黯淡的顏色，但是如果讓受光面的部分呈現出葉綠色等「物體原本的顏色」可以增加真實感。

A 在追加遠近感的圖層資料夾之上，建立合成模式「相加（發光）」的圖層資料夾，並且在資料夾中一邊建立圖層，一邊打上亮光。

B 樹木的右側要考量到煙火的顏色，打上紅色亮光。

C 在 **B** 之上進一步打上明亮的黃色亮光。誇張的打上亮光，可以凸顯樹木，在畫面上形成強弱對比，呈現出插畫風格。同時也因為打上亮光的關係，可以看到一些樹原本的綠色。

D 樹幹也要考量到煙火的顏色，打上紅色亮光。即使亮光的範圍只有一小部分。但因為與樹幹的漆黑輪廓形成對比，仍然具備充分的存在感。此外，這樣也可以表現出立體感。

E 左側的灌木也要以春天「 **5-2** 」（第 102 頁）相同的步驟，使用材質素材來打上亮光。在畫面上因為距離煙火最遠，而且還被樹木遮住的關係，相較於其他部分，只要打上微弱的亮光即可。

F 畫面中央堤防的草地，與 **E** 相較下距離煙火近，而且中間沒有遮住光線的物體，所以要打上較強的亮光。

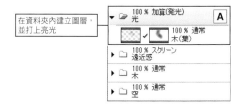

在資料夾內建立圖層，並打上亮光

考量到煙火的顏色，打上紅色亮光

打光的程度要誇張一些

呈現出樹葉原本顏色的綠色

打上紅色亮光

使用材質素材，打上微弱的亮光

打上較灌木更強的亮光

3-2 在水面加上煙火倒影

在右側水面上加上煙火的倒影。
複製「 1-3 」增加至夜空的煙火，反轉後配置於水面上。

A 使用色域選擇，由季節變換的底圖照片建立水面的選擇範圍。

B 在描繪亮光的圖層資料夾之上，建立新圖層資料夾，在資料夾中建立新圖層後，將
選擇範圍填充塗色處理。

C 以【圖層】選單→【組合顯示圖層的複製】的流程，將先前描繪的部分複製起來，
配合 **B** 的範圍將夜空變形，然後反轉配置於畫面上。決定好配置的位置之後，以
B 的範圍建立圖層蒙版。**B** 的圖層並非必要，因此將其刪除，或是設定為不顯
示。

以色域選擇建立水面的選擇範圍

建立將選擇範圍填充塗色的圖層

> **Point ■■■**
> ### 積極利用水面
> 水面就如同鏡子一般，倒映出周邊的景色。描繪插畫的時候，如果考量到這
> 個細節，更能營造出真實感。除了不費工夫就可以增加畫面的資訊量，還能
> 夠一口氣提高完成度，因此請積極利用這個技巧吧。

複製天空，配合水面的縱深進行變形處理，接著反轉後進行配置

D 在 **C** 之上建立新圖層，然後在水面上考量到煙火的亮光，以橘色進行漸
變貼圖處理。然而如果只以漸變貼圖處理，會無法看見水面上倒映的煙
火，因此要降低漸變貼圖處理圖層的不透明度來進行調整。

進行漸變貼圖處理時要考量到光源

④ 修飾完稿

4-1　調整色調

調整整體的色調。

基本上與春天的「 6-1 」～「 6-3 」（第 103 頁～第 104 頁）的處理方式相同。

先將畫面四周圍調整變暗，讓視線集中在畫面中央，然後讓明亮部分變得更加明亮，強調出畫面的強弱對比。

接下來要在畫面上部進行漸變貼圖處理，使其變得明亮且模糊，但因為是夜晚的關係，請注意不要讓畫面變得過於明亮。

再來要強調出畫面整體的藍色，降低照片特有的偏黑色調，加強插畫的感覺。

以這次的範例來說，近景與水面的對比度稍微有點弱，因此決定將畫面調整變暗一些，使畫面更加完整。

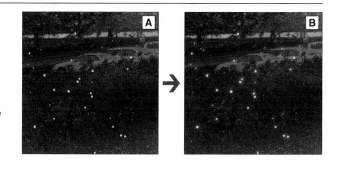

A 與春天相同，要對整體畫面進行色彩調整。一方面加強對比度，另一方面也讓視線集中在畫面中央。再進一步透過強調藍色來降低照片感，營造出插畫風格。

4-2　加上螢火蟲後即告完成

描繪螢火蟲的亮光。

這是非常適合用來呈現畫面的強弱對比，並營造出空氣感的創作元素。

描繪的方法與春天的「 6-4 」（第 104 頁）描繪花瓣的步驟相同。

最後將女孩子描繪上去就完成了。

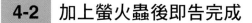

A 在合成模式「相加（發光）」的圖層上，以「螢火蟲」的筆刷描繪出以螢火蟲為印象的光粒。

B 在 A 之下建立新圖層後，由 A 來建立選擇範圍，接著放大「2～4px」左右，進行填充塗色處理。再以「高斯模糊」使輪廓變得模糊之後，就呈現出螢火蟲發光般的感覺。

C 最後將女孩子描繪上去就完成了。

秋

以秋天的紅葉與黃昏夕照為印象，進行照片處理。構圖的主體是紅葉楓樹。原本的照片是櫻花樹，因此處理的重點在於由紅葉的照片建立材質素材，再加上楓樹葉的外輪廓。

將楓樹葉的顏色處理得極度鮮明，看起來會更有動漫插畫的風格。

1 處理天空

1-1 讀取天空照片進行配置

首先要進行春天「 1-1 」～「 1-5 」（第 96 頁～第 98 頁）的步驟。接著與其他季節相同，進行天空的處理，決定好插畫的形象。這裏選擇貼上黃昏時刻的天空照片。以夕陽而言，顏色稍嫌淡薄了一些，不過接下來的處理會將其改變成鮮明的橘色。

A 進行春天「 1-1 」～「 1-5 」的工程。

B 讀取「照片：天空（秋天）」。

C 與春天的「 2-1 」（第 99 頁）相同，將讀取的照片設定剪裁為春天「 1-5 」建立的天空底層圖層範圍後進行配置。以這個範例來說，將照片反轉放大後，只要 1 張照片就足夠了。接著適當地改變底層的顏色。

照片：天空（秋天） B

縮小尺寸，反轉後進行配置

C

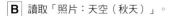

1-2 調整成色彩鮮艷的天空

將「 1-1 」貼上的天空照片調整為鮮明的橘色。訣竅是要將彩度設定得愈清楚明確愈好，讓天空宛如燃燒起來似的。

A 在「 1-1 」配置的天空照片之上，建立 2 張合成模式「覆蓋」的圖層，並設定為使用下一圖層剪裁。上部以灰色，下部以橘色的進行漸變貼圖處理，使天空的顏色變成鮮明的橘色。

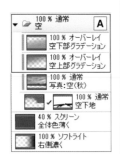

A

2 處理草地・樹木

2-1 降低草地與樹葉的彩度

在春夏期間吸收太陽光的草葉，到了秋天後任務告一段落，隨著冬天的到來，逐漸變成枯葉。

我們可以將矮牆邊灌木草葉的彩度降低來表現這樣的季節變化。如果只是單純地降低彩度，會讓整體畫面變得平坦無趣，因此也要一併調整對比度。

A 在處理天空的圖層資料夾之下，建立新圖層資料夾，再以【圖層】選單→【新色調補償圖層】→【色相・彩度・明度】的步驟，在資料夾中建立色調補償圖層。改變草葉的色相，降低彩度。

接下來，以【圖層】選單→【新色調補償圖層】→【亮度・對比度】建立色調補償的圖層，稍微增加亮度與對比度，使色調看起來更加清楚。

降低彩度，調整對比度

2-2 改變樹上花瓣顏色，表現紅葉

秋天的代表性風景，就是樹木的樹葉轉成了紅色或橘色，成為紅葉。

因此我們要改變照片中花瓣部分的顏色，表現出紅葉的感覺。

與春天的「 3-1 」（第 100 頁）相同，使用「色域選擇」，先將底圖塗色處理，替換為紅葉的顏色。此時要事先考量到後續的作業，將下部與深處的樹葉調整成心中設定的黯淡顏色。

另外，這次的場景因為黃昏夕照而形成逆光，所以要以上方為起點，考量到逆光的狀態，使用暗色進行漸變貼圖處理。而且還要刻意地將上部的細節破壞掉，使其成為剪影般的外輪廓。這麼一來，就能夠與夏天的插畫相同，藉由這樣的處理方式，順便得到將樹木與天空明確區隔開來的好處。

不過當樹木整體的細節被破壞之後，在畫面上看起來就不會成為插畫的主體，因此要淡淡地消去在中央部分進行的漸變貼圖處理。

A 以色域選擇來建立樹木花瓣部分的選擇範圍。在「 2-1 」建立起來的色調補償圖層之上，再建立合成模式「色彩增值」的圖層，以考量到紅葉的橘色進行填充塗色。並且要事先為後續的作業作好準備，將下部及深處的樹葉顏色調整成心中規劃好的暗橘色。

B 在 **A** 之上建立新圖層後，考量到逆光的狀態，以暗色進行漸變貼圖處理。將上部的細節破壞掉，強調出外輪廓。不過希望能夠保留畫面前方樹木中央部分的細節，因此要建立一個圖層蒙版，消去先前在這部分的漸變貼圖處理。

接著在其上建立「色彩增值」的圖層，以漸變貼圖處理將愈靠樹木外側的部分調整成愈顯得灰暗。這部分也同樣要在中央建立圖層蒙版，將這部分的漸變貼圖處理消去。

花瓣以橘色塗色

進行漸變貼圖處理時要考量到逆光，強調出樹木的輪廓

2-3 增加和描繪紅葉

樹木是插畫的主體部分，因此要仔細處理。特別是這次的紅葉是決定秋天印象的
重要元素，因此連樹葉的形狀都要講究規劃。

與夏天的「 2-4 」（第 109 頁）相同，使用材質素材將紅葉描繪上去。如果能將
紅葉饒富特色的形狀描繪出來的話，便能增加作為秋天插畫的說服力。

材質素材的製作方法、使用方
法，也請一併參考「將照片材
質素材作為素材使用」（第
28 頁）或第 3 章。

材質素材：紅葉　**A**

B

將材質素材變形，反轉後進行配置

A 將「材質素材：紅葉」開啟在另一個畫布
上。

B 複製開啟的材質素材，貼上原本進行作業
的畫布。與春天的「 4-2 」相同，將材質
素材配合樹木形狀變形處理後，反轉配置
於畫面上。

C 在圖層的快取縮圖上以 Ctrl ＋點擊滑鼠
左鍵來建立選擇範圍，然後反轉選擇範
圍。在處理天空的圖層資料夾之上建立新
圖層資料夾，在資料夾中建立新圖層後，
以「柔化輪廓」的筆刷將選擇範圍塗色成
橘色。一邊觀察整體的比例均衡，一邊追
加紅葉的外輪廓。

D 即使是細微的部分，也要好好地描繪出紅
葉的形狀。

E 對加上去的紅葉進行漸變貼圖處理，營造
出顏色的隨機性。接下來，建立「相加
（發光）」的圖層以及一般的圖層。以相
同的手法自材質素材建立選擇範圍後，使
用「柔化輪廓」筆刷一邊營造出顏色的變
化，一邊增加細微的樹葉，最後再使其融
入樹木深處的部分。

D

C

反轉後在選擇範圍塗色，並追加描繪紅葉的外輪廓

一邊營造出樹葉的隨機性，一邊使其融入四周 **E**

2-4 加強樹葉的暗影

在「2-3」增加描繪的紅葉之下建立一個暗影層。在這裏同樣使用「材質素材：紅葉」，以合成模式「色彩增值」的圖層進行描繪。以「色彩增值」進行描繪，可以在不破壞掉原本細節的狀態下，建立暗影的圖層，可以表現出樹葉之間的層層交疊，還可以表現出樹木的分量感。

A 與「2-3」相同，由「材質素材：紅葉」建立選擇範圍。這次不需要對選擇範圍進行反轉處理。

在描繪紅葉的圖層資料夾的最下方，建立合成模式「色彩增值」的圖層，追加樹葉的陰暗部分。藉此，可以表現出樹木的層層交疊以及樹木的分量感。

B 如果只顯示塗色處理過的部分，就可以看到有塗色的區域都是與「2-3」的 D 相反的部分。這就是以「色彩增值」進行重疊處理所形成的樹葉層。

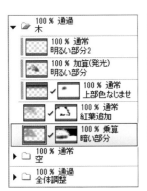

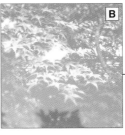

建立的選擇範圍不需反轉，直接塗色，建立暗影層

2-5 以覆蓋模式加強色彩的鮮艷

使用合成模式「覆蓋」的圖層，增加紅葉的紅色部分。形成不輸給黃昏夕照天空般的鮮明色彩。

A 在加工樹木的圖層資料夾最上方，建立合成模式「覆蓋」的圖層。以橘色進行塗色處理，增加樹葉的鮮明度。將樹葉調整成不輸給黃昏夕照天空的鮮明色彩，讓視線集中於此。若是感覺處理過度的話，可以降低圖層的不透明度進行調整。

Point

秋天要強調暖色

一說到秋天，就會聯想到紅葉、紅色、黃色、橘色等暖色系的顏色。這和天空的蔚藍或櫻花的粉紅色同樣屬於刻板印象。只要將這個刻板印象強調出來，就能更加凸顯出秋天的感覺，整體畫面也比較有動漫插畫風格。

3 增加光線與陰影

3-1 將近景的地面調暗

將近景的地面調整變暗。考量到後續的步驟將要打上橘色系的亮光，為了強調對比度的效果，事先以藍色系的顏色調暗。如果單純考量補色的話，應該使用偏向水藍色的顏色進行調整，但因為水藍色不太適合插畫的關係，改為使用偏紫的藍色進行調整。

A 在「 2-1 」建立起來的圖層資料夾內的最上方，建立合成模式「覆蓋」的圖層，並在近景的地面以青紫色進行漸變貼圖處理，調整變暗。這幅插畫整體是以橘色系的顏色作為主體，因此選擇了能夠強調出對比度的顏色來處理陰影。

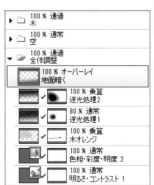

以漸變貼圖處理將地面調暗

3-2 大範圍光線照射

以天空的黃昏夕照為光源，打上明亮橘色的亮光。
基本上與春天或夏天的處理步驟相同。
此外，考量到黃昏夕照的太陽位置較低，處理陰影的訣竅就是要將所有物體的影子都拉長。

A 在「 2-3 」描繪紅葉的圖層資料夾之上，建立合成模式「相加（發光）」的圖層資料夾，在資料夾中一邊建立圖層，一邊打上亮光。

B 樹木的右側要大範圍的打上明亮橘色的亮光，彷彿就要融入黃昏夕照一般。

在這裏面建立圖層進行打光處理

C 將扶手欄杆落在近景地面的影子拉長，營造出黃昏夕照的感覺。

將扶手欄杆的影子拉長

3-3 在水面加上晚霞反光

將畫面右側的水面處理成黃昏夕照的顏色。
更進一步，使用材質素材在水面上描繪黃昏夕照的反射。形成一幅
閃耀著金色光芒，黃昏夕照所特有的美景。

A 與夏天的「 3-2 」（第 112 頁）相同，以色域選擇來建立水面
的選擇範圍，然後進行橘色的漸變貼圖處理。

以橘色進行漸變貼圖處理

B 將「材質素材：川面（光反射）」開啟
在另一個畫布上。

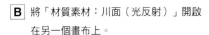

材質素材：河川表面（反光）

C 將開啟的材質素材複製後，配置在水面
上，並在圖層的快取縮圖上以 Ctrl ＋
點擊滑鼠左鍵來建立選擇範圍。將建立
起來的選擇範圍反轉，以「柔化輪廓」
的筆刷，在水面上描繪出太陽光的反
射。形成反射的位置要配合太陽的位
置。

將材質素材建立的選擇範圍反轉後，描繪出夕陽的反光

3-4 加上發出強烈光線的部分

為了要表現出黃昏夕照的眩目光線，要在畫面上加
上幾乎要形成光暈效果的強光部分。

A 在圖層面板上選擇「 3-1 」～「 3-2 」打上亮
光的圖層後進行複製。選擇複製的圖層，執行
【圖層】選單→【組合選擇中的圖層】。將組
合後的圖層以「高斯模糊」進行處理，合成模
式設定為「相加（發光）」，就能讓光線形成
彷彿引起光暈一般的效果。扶手欄杆因為是由
金屬製成，要比其他的部分更強調發光。

光暈效果

扶手欄杆是由金屬製成，
因此要強調發光

100 % 加算（発光）
発光強調（手すり）

100 % 加算（発光）
発光強調

▶ ▢ 100 % 加算（発光）
光

▶ ▢ 100 % 通過
木

▶ ▢ 100 % 通常
空

Point ▮▮▮

光暈效果

物體受到特別強的光線照射時，形成周圍模糊的效果。在想要
變得明亮的部分周圍加入光暈效果，除了能夠看起來更明亮之
外，同時也會成為畫面中吸引目光的焦點。

4 修飾完稿

4-1　調整色調

調整畫面整體的色調。這個步驟基本上是與春、夏同樣的感覺進行。

先將畫面四周調暗，讓視線集中在畫面中央，再讓明亮部分變得更亮，強調出畫面中的強弱對比。

畫面上部則要進行漸變貼圖處理，以調整明亮的方式進行模糊處理。

這次要在畫面的左上方強調出比其他位置更深的藍色與黑暗，暗示著夜幕馬上就要籠罩下來。

A　與春、夏的時候相同，進行畫面整體的色彩調整。在
　　描繪亮光的圖層資料夾之上，一邊建立圖層，一邊進
　　行調整加強對比度，讓視線朝向畫面中央。接著再透
　　過強調藍色來降低照片感，呈現出插畫風格。

4-2　加上落葉

描繪隨風飄落的樹葉。與春天的花瓣不同，與其說是乘風飄揚，倒不如說
是給人緩慢飄落的印象。不同於春天，刻意不將落葉的前後景深表現出
來，落葉的流勢看起來會比較和緩。

A　與春天的花瓣不同，與其說是乘風飄揚，不如說是給人受到重力影響
　　而緩慢地飄落的印象。

B　與春天的花瓣或夏天的螢火蟲相同，首先要描繪出落葉的外輪廓。使
　　用「自製紅葉」的筆刷。

C　在 B 的圖層之下建立圖層。再由 B 的圖層建
　　立選擇範圍，放大選擇範圍後以相同色進行塗
　　色，再進行「高斯模糊」處理。
　　模糊處理完成後，塗色處理呈現出顏色的隨機
　　性。

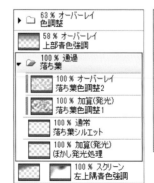

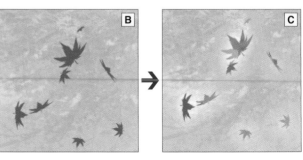

4-3 增加鏡頭眩光

增加鏡頭眩光效果。與春天的插畫中加上描繪的雲際光相同，這是可以用來補強空氣感的技巧。鏡頭眩光是由右側的太陽朝向主體樹木直線延伸，如此也有將視線誘導至樹木的效果。

A 在描繪落葉的圖層資料夾之上，建立圖層資料夾，在資料夾中一邊建立圖層，一邊描繪鏡頭眩光效果。首先要以合成模式「相加（發光）」的圖層，描繪由太陽朝向樹木延伸的雲際光。

B 複製 A 的圖層，以「高斯模糊」進行模糊處理。太陽也使用相同的處理方式，使輪廓模糊，強調發光感。

C 在 A B 描繪的雲際光之下，以不同的顏色再加上一道光線。

D 描繪以太陽為中心的光環（鬼影）。透過以上這些步驟，便能夠呈現出鏡頭眩光的效果。

最後將女孩子描繪上去就完成了。

鏡頭眩光

所謂的鏡頭眩光，指的是以相機拍攝如太陽之類的明亮光源時，光源以外的部分也會形成漏光的現象。如果想要將拍攝的對象以眼睛直接所見的印象保留下來時，就必須要避免出現鏡頭眩光。然而對於插畫作品來說，適當地在畫面上加上描繪鏡頭眩光效果，可以補強空氣感。是一項學會了絕對受用的技巧。

朝向樹木描繪雲際光

強調出發光感

再加上一道雲際光線

描繪光環（鬼影）

5 冬

這裏要以冬天的日出朝霞為印象進行照片的處理。藉由降低畫面的彩度，傳達出冬天氣溫寒冷的感覺。構圖的主體的樹木，因為樹葉全部落光的關係，必須從零開始重新描繪。這個步驟雖然多少需要一些耐心，但因為是參考原本的照片為底圖描繪，其實不算困難。

1 處理天空

1-1 讀取天空照片進行配置

首先要進行春天「 1-1 」～「 1-5 」（第 96 頁～第 98 頁）的。不過這次要將樹木重新描繪成只留下枯枝，所以暫時先將這個部分當作天空的底層進行填充塗色處理。

貼上天空的照片，是選擇不同於秋天的黃昏天空，以及雲層較厚的天空，這 2 張照片。日出朝霞與黃昏夕照的不同

照片：天空（冬天）a ｜**B**

照片：天空（冬天）b ｜**B**

將樹木部分也當作底層填充塗色 ｜**A**

補充描繪不足的部分 ｜**C**

處，除了地平線上太陽的方向之外，說真的幾乎完全無法區分。要在插畫上表現也很困難，但如果硬要區別的話，日出朝霞的光線是比較偏白的明亮黃色。

A 進行與春天的「 1-1 」～「 1-5 」的相同步驟。但這次的樹木要在稍後重新描繪，此時先當作天空的底層進行填充塗色處理。在畫面的設定上，右側的樹林會一直向右延伸，因此天空與地面部分的邊緣，要配合那個輪廓進行調整。

B 讀取「照片：天空（冬天）a」、「照片：天空（冬天）b」這 2 張照片。

C 與春天的「 2-1 」（第 99 頁）相同，將讀取至天空的底層圖層的照片裁貼後配置在畫面上。以「照片：天空（冬天）a」為底圖，將不足部分以「照片：天空（冬天）B」來補足配置。照片的重疊部分要以橡皮擦處理，使其融入周圍，右側的不足部分以「雲」的筆刷補充描繪。底層的顏色也要適當地調整變更。

1-2 將天空顏色調淡

將天空的顏色調淡，表現出冬天的寒空與日出朝霞。

A 在「 1-1 」配置完成的照片之上，建立合成模式「覆蓋」、「濾色」的圖層，並在天空的上部與下部進行漸變貼圖處理，將顏色調淡。

以覆蓋來進行漸變貼圖處理 ｜**A**

以濾色來進行漸變貼圖處理

2 將整體調整為冬天景色

2-1 降低草木的彩度

冬天的景色，草木皆已枯萎失去色彩，太陽的光線微弱，而且再加上降雪的關係，整體彩度降低。首先要使用色調補償圖層，將草木調整成彩度低的顏色，以符合冬天氣氛。但如果只有降低彩度的話，看起來就如同黑白單色插畫一般，因此要在畫面上以茶色施加輕微的漸變貼圖處理。

A 在處理天空的圖層資料夾之下，建立新圖層資料夾。然後再以【圖層】選單→【新色調補償圖層】→【色相‧彩度‧明度】建立色調補償圖層，將彩度的數值大幅度降低，讓色彩變成接近黑白單色。

B 在 A 的色調補償圖層之上，建立合成模式「覆蓋」的圖層，以下方為起點進行漸變貼圖處理，讓畫面看起來帶著淡淡的茶色。

在此進行的處理，目的是為了要變更草木的顏色，因此要在色調補償圖層與覆蓋圖層的中央道路與扶手欄杆的部分建立圖層蒙版。中央道路及扶手欄杆要在之後的步驟變更顏色。

以茶色進行漸變貼圖處理　　在中央道路及扶手欄杆建立蒙版遮罩（紅色部分）

2-2 調整中央道路及欄杆顏色

調整中央道路及扶手欄杆的顏色。與草木相同，以色調補償圖層降低彩度，再施加漸變貼圖處理來進行調整。

A 建立【色相‧彩度‧明度】的色調補償圖層，降低彩度。色相也因為綠色過強的關係，稍微變更調整。

在「 2-1 」的 B 建立起來的圖層蒙版快取縮圖上，以 Ctrl ＋點擊滑鼠左鍵來建立選擇範圍，再將那個選擇範圍反轉，接著將建立起來的色調補償圖層以蒙版遮罩。這麼一來，只有中央道路及扶手欄杆的部分會受到補償處理影響。

降低彩度，同時也變更色相

B 建立合成模式「覆蓋」的圖層。由 A 的圖層蒙版建立選擇範圍，並使用藍色系的顏色進行漸變貼圖處理。這個顏色與秋天的「 3-1 」（第 118 頁）相同，是考量到後續的處理要打上亮光的顏色，所作出的選擇。這次要打上的亮光顏色是接近白色的黃色亮光，因此就決定使用淺藍色進行處理。

以偏藍的色彩進行漸變貼圖處理

2-3　在遠景加上樹林

遠景的道路及左側的圍籬深處顯得不自然，因此要補充描繪樹林，使其融入周圍。

A　在描繪天空的圖層資料夾之下，建立新圖層資料夾。在資料夾中建立新圖層，並在畫面左側的遠景描繪樹林的底層。使其看起來像是右側的樹林的延伸。

B　在 **A** 描繪的底層之上，自底圖照片複製右側的樹林部分並進行配置，然後設定為使用下一圖層剪裁。這麼一來，增加描繪的樹林就具備了自然的細節。

建立樹林的底圖

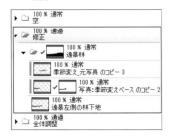

複製後進行配置

2-4　修正不自然部分

修正增加的樹林顏色與不自然的連接部分。

這一帶最後要調整成不太吸引目光的狀態，因此不需要過於仔細描繪細節。

A　追加的樹林邊緣部分看起來不自然，因此要貼上「照片：雪山」的紅圈部分。

B　使用橡皮擦淡淡地將貼上的照片邊緣部分消去，模糊處理使其融入周圍。

C　使用色調補償與合成模式「覆蓋」的圖層，配合右側的樹林調整顏色。

照片：雪山

在連接處不自然的部分描繪，使其融入四周

配合右側的樹林調整顏色

3 處理樹木

3-1 描繪樹木

因為是冬天的關係，想要將插畫主體的樹木呈現出樹葉都已經枯萎落盡的狀態。不過看起來要直接使用底圖的照片會有些困難。
因此要參考照片，一邊想像樹幹或樹枝的形狀，一邊以手工進行描繪。雖然是需要一些耐心的步驟，但這個步驟本身並不會太困難。

A 在處理天空的圖層資料夾之上，建立新圖層資料夾。在資料夾中建立新圖層，接著複製底圖照片後置於下層，一邊參考照片，一邊描繪出樹木的樹幹、枝椏的外輪廓。如果使用黑色的話，不容易看得清楚，因此要使用容易分辨的顏色。在這裏使用的是藍色。
筆刷使用的是「主要不透明」。

B 將描繪的外輪廓執行「指定透明圖元 🔒」（第 20 頁），以樹木原本的顏色進行填充塗色處理。樹木與灌木之間的邊緣，要處理到看起來不會有連接不自然的狀態，並使其融入周圍。用來作為參考的底圖照片複本已經沒有保存的必要，請將其刪除。

參考原始照片描繪樹幹及樹枝

模糊處理融入四周

以原本的顏色填充塗色

3-2 增加樹木質感

在描繪完成的樹木外輪廓上增加質感。受惠於場景位置剛好有些逆光感覺，只要確實將樹幹及樹枝的形狀描繪出來，就不需要加上過於正式的質感處理。

A 分別建立合成模式「濾色」、「色彩增值」、「通常」的圖層，設定剪裁為「3-1」描繪的外輪廓範圍。接著再以「岩壁凸」、「木紋暗」的筆刷仔細描繪出樹木的質感。因為場景位置呈現逆光的狀態，所以沒有必要描繪出過於細微的質感。

4 營造寒冷的感覺

4-1 在道路加上積雪

在道路上增加積雪。

讀取雪地景色的照片，將積雪的部分複製後貼上。

因為我們要沿著道路的縱深貼上積雪，所以要先畫出這幅插畫的透視線。再以畫好的透視線作為指引線，將照片變形處理後貼上。

照片：雪景 a

A 明確設定出插畫的視平線位置，再畫出透視線作為畫面處理的指引線。消失點位於沿著道路延伸而去的遠方。

B 讀取「照片：雪景 a」。

C 在加工天空的圖層之上，建立新圖層資料夾。將讀取的照片置入資料夾內，沿著 A 的透視線，將 B 的照片變形後配置於畫面上。

4-2 將配置的積雪照片融入周圍

將配置完成的照片中不要的部分消去，使積雪圍籬的連接線，以及道路的邊緣部分都能融入周圍。

照片中的積雪顏色稍微髒污，因此要強調白色，使其變得明亮。

A 將「 4-1 」配置完成的照片不要的部分，使用圖層蒙版消去。

B 圍籬的連接部分，以相同的照片當作細微的組合零件貼上畫面。

道路的連接部分，使用圖層蒙版淡淡地消去。

更進一步，藉由色調補償來強調出積雪的白色，使其變得明亮。

將同樣的照片做為細部零件貼上，使其融入周圍 　　強調白色

4-3　在畫面右側加上積雪

畫面右側的水面部分也要加上積雪。

以右側的扶手欄杆、高低落差成段的部分為基準,將照片配合透視法進行配置。這裏使用的是與貼在道路上的照片不同的雪景照片。

A 讀取「照片:雪景 b」。

B 以「 4-1 」、「 4-2 」相同
的步驟,將照片沿著透視線
變形後進行配置,使各部位
的連接處彼此融合,並且調
整顏色。

照片:雪景 b **A**

B

4-4　加上霧氣

在畫面上描繪霧氣,進一步營造出冬天的寒冷氣氛。

此外,「 2-3 」、「 2-4 」追加的樹林,以及「 4-1 」〜「 4-3 」追加的積雪部分,與照片原來的部分的連接處,難免會有一些看起來不自然的地方,霧氣也能夠發揮隱藏那些部分的作用。

霧氣要使用材質素材進行描繪。材質素材的製作方法、使用方法,也請一併參考「將照片材質素材作為素材使用」(第 28 頁)或第 3 章。

A 將「材質素材雲(霧用)」在另一張畫布開啟,接著複製後貼上原本
在進行作業的畫布上。
然後將貼上的材質素材變形處理,配置在視平線附近,並在圖層的快
取縮圖上以 Ctrl ＋點擊滑鼠左鍵來建立選擇範圍。

B 在加上積雪的圖層資料夾之上,建立合成模
式「相加(發光)」的圖層資料夾,並在資
料夾中建立新圖層。使用「雲　朦朧」的筆
刷,在選擇範圍中來回數次淡淡地塗色,將
霧氣描繪出來。接下來,將新圖層設定剪裁
為描繪了霧氣的圖層範圍,並將太陽周圍的
霧氣塗色為受日光照射影響而呈現的橘色。
如果覺得霧氣過濃的話,可以降低圖層資料
夾的不透明度進行調整。

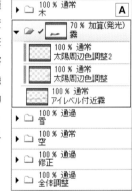
A

由配置的材質素材來製作選擇範圍
材質素材:雲(霧用)

B
太陽周邊的霧氣會呈現淡淡的橘色
連接處的不自然部分以霧氣來遮掩

5 增加光線

5-1　大範圍光線照射

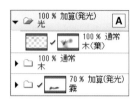

與其他的季節相同,在畫面上打上亮光。

冬天太陽的光線較弱,再加上場景環境是太陽尚未完全昇起的日出朝霞時刻,因此打上的亮光不需要太強烈。

A 在處理樹木的圖層資料夾之上,建立合成模式「相加(發光)」的圖層資料夾,在資料夾中一邊建立圖層,一邊打上亮光。

B 在樹木的右側打上亮光。與秋天的「3-2」(第 118 頁)相同,以不跳脫天空色彩的顏色進行塗色。

C 地面及灌木也要打上亮光。冬天太陽的光線較弱,使用淺黃色進行打光。請注意不要打上比其他的季節更多的光線。

5-2　整體畫面增加霧氣

「4-4」只有在視平線附近加上霧氣,在這裏則要在整體畫面都增加霧氣,補強空氣感。

霧氣的描繪方法與「4-4」相同,使用材質素材。

視平線附近的霧氣,因為要考量到周圍的顏色,以及氣溫的寒冷,使用冷色系描繪。

然而在這裏的描繪的霧氣,為了要表現出太陽光線擴散的感覺,因此要使用暖色系進行描繪。

A 與「4-4」相同,使用「材質素材:雲(霧用)」,在整體畫面上追加淡淡的霧氣。「4-4」是以冷色系進行塗色,然而在這裏為了要在霧氣中表現出太陽光線擴散的感覺,改以暖色系進行塗色。

以暖色系的顏色在整體增加霧氣

⑥ 修飾完稿

6-1 加上飄雪

在畫面加上飄雪。與春天的花瓣、夏天的螢火蟲、秋天的落葉的描繪方法幾乎相同。
雪花要用圓點來進行描繪，為了營造出遠近感，區分為 4 種不同大小尺寸。實際上的雪花並不是呈現完美的圓形，但因為自然中的雪花形狀難以描繪，反而會讓畫面看起來不自然，因此在這裏決定簡化處理。

A 以「圖形」工具（第 19 頁）中「直接描繪」指令群的「橢圓」來描繪以雪花為印象的圓點。為了營造出遠近感，圓點的大小要區分為 4 種不同尺寸，分別描繪。由於白色的顏色不容易看清，所以要先用藍色來描繪雪花形狀。

B 將 **A** 建立起來的圓點以下列設定的「高斯模糊」進行處理。

近景：高斯模糊範圍「100」
中景 1：高斯模糊範圍「20」
中景 2：高斯模糊範圍「6」
遠景：高斯模糊範圍「3」

只讓近景的雪花發光

接下來，只有近景要改變為合成模式「相加（發光）」並降低不透明度，強調出發光感與透明感。藉此在畫面上增加一些幻想般的氣氛。

6-2 調整色調後即告完成

將整體的色調進行最後調整，整個作業就完成了。色彩調整的方法，基本上與其他季節的處理方式相同。

A 與其他的季節相同，進行整體的色調調整。加強對比度的調整，並將視線匯集在中央。
接著強調藍色降低照片感，形成插畫風格。
最後在樹枝上描繪積雪，並將女孩子描繪上去就完成了。

概念藝術與 Photobash

「概念藝術」是一種插畫描繪的工作，存在於電影、電玩遊戲業界，甚至還可以將範圍擴大至汽車類的工業產品等業界。

概念藝術正如其名，是當我們製作某產品、作品、設計前，將其概念以視覺化呈現的插畫作品。比方說在設計電影中ＣＧ的場景，或是電玩遊戲中關卡的形象…等，都必須先以插畫的形式進行設定。

不論設計師的腦海中創意設計或印象如何鮮明，都沒有辦法直接傳達給他人。甚至很多時候，連設計師本身也對概念某部分的印象相當模糊。因此，提出概念藝術，就是要讓參與製品計畫相關成員以視覺的、設計的形式，共同擁有設計師腦海中的印象，並且確認是否可行及是否合理等。

概念藝術並非僅以一張插畫公諸於世為目的，因而不太重視畫面的完成度。反而要求盡可能增加插畫張數，或變換各種不同角度、風格的作品，因此需要有一定的產量，和畫面必需要有足夠的力量及說服力，讓觀者感受到設計者的創意。（當然，大部分會使用於初期的推廣階段，有時候甚至概念藝術本身就是賣點之一）

概念藝術對於大規模製作的電影或是電玩遊戲，這種必須讓眾多相關人員建立共同印象的業界，已經是常識般的例行公事。但是其中的描寫內容及方式則隨著時代變遷。

以前為了能夠在短時間內完成作品，都是以速寫的方式處理。在構圖及畫面對比下工夫，大量使用材質素材及特殊形狀的筆刷，雖然看起來有些故弄玄虛，但這些真實且有力量的畫面，都是用手工描繪而成。

然而，最近如同本書所解說的 Photobash 這種「利用照片構成的插畫」漸漸地成為主流。這有一方面是因為 Photobash 的技術知識已經逐漸累積、普及化，但歸根究底，還是因為業界發現 Photobash 與概念藝術的相容性極佳所致。

所謂的虛構世界，其實並非一切完全由自己創造出來。而是將現實或曾經存在於現實生活中的事物為基底，再加上自己原創的印象進行調合而來。不管是奇幻故事、SF 或是恐怖故事，全都是以超越現實的表現，強調出差異，才得以成立。換言之，正因為故事的內容包含了牢固的「現實」，所以故事與現實的落差才會如此吸引我們，令我們深深著迷。

那麼，將虛構世界以插畫呈現時，要如何以具備現實感的形式去描寫那個「現實」的部分呢？我認為使用照片是最有效果的方法。以照片內所具備的細節和結構為基底，再將其以不致過於勉強的形式，轉換成虛構世界就相對容易多了。減輕描繪現實部分的時間工夫，而且還能以眼睛可見的形式強調出虛構部分的現實感與說服力。Photobash 就是這樣兩者兼得的技術。

當然，如此亦會衍生出新的作業方式、技術、以及時間工夫。這部分就要請各位透過本書來進行確認和學習了。

以「屬性」為主題的插畫

對於以描繪插畫為職業的專業插畫家來說，描繪概念藝術時都會設定一個主題。

請各位務必也要在作品中設定主題來進行描繪吧。

*首刊於《ファンタジー風景の描き方 CLIP STUDIO PAINT PROで空氣感を表現するテクニック》

地屬性　　　　　　　　　風屬性　　　　　　　　　火屬性　　　　　　　　　水屬性

第5章
Photobash 的應用

透過細節描繪提升完成度

前面幾章我們學習到使用照片製作插畫的各種不同技巧。在本章,我們要進行目前為止所有技巧的集大成解說。第 2 章的③「以照片為中心進行畫面配置」的章節中,已經解說過 Photobash 的基本技巧,也就是照片的配置與畫面的架構。以初學者來說,像這樣的插畫水準已經充分足夠了,但如果想要進一步提升完成度的話,免不了會有需要細節描繪的部分。請各位熟悉基本技巧後,務必要嘗試看看細節的描繪作業。

2 章③

「以照片為中心進行畫面配置」階段的插畫作品

1 太空船的細節描繪

1-1 描繪明亮和暗影部分

描繪插畫主體太空船的細節部分。
首先要以第 2 章③「 1-2 」(第 47 頁)的草稿中決定好的光亮與
陰影印象為基礎,分別製作明亮部分與陰暗部分。與其要去意識到
光源的方向,不如直接利用第 2 章③「 7-2 」(第 61 頁)建立起
來的細節,決定出明亮部分與陰暗部分的形狀。

A 在第 2 章③「 7-2 」貼上太空船的「照片:建築物 d」之上,
建立合成模式(第 21 頁)「相加(發光)」的圖層資料夾,
在資料夾中建立圖層後,以「主要塗色」的筆刷描繪太空船的明亮部分。
接下來,在建立起來的圖層資料夾之上,建立合成模式「色彩增值」的圖層資料夾,並在資料夾中建立圖層,描繪陰暗部分。與其要去意識光源的方向,不如直接利用貼上的照片中的細節進行描繪。

陰暗部分　明亮部分

1-2 加強明亮部分和質感

增加建立明亮部分，並描繪加上質感。

透過增加明亮部分，可以強烈地表現出金屬光澤的反射，進而凸顯出太空船的存在。

進一步來說，藉由質感的增加，可以表現出太空船表面的金屬髒污及劣化程度，讓觀看者能夠一眼看出這艘太空船並非全新建造，而是經歷過漫長的宇宙旅程之後，不得已緊急迫降於此地的太空船。

A 增加更為明亮的部分與質感。在「 1-1 」建立的「相加（發光）」圖層資料夾中，一邊建立圖層，一邊設定剪裁為描繪明亮部分的圖層（第 20 頁）範圍後，進行描繪。以「岩壁 凸」、「材質素材 2」之類的筆刷描繪加上質感。

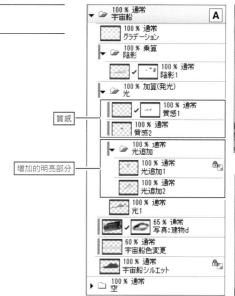

質感

增加的明亮部分

1-3 在暗影部分貼上照片加上質感

陰暗部分也要增加細節。不過要避免將陰暗的部分處理得太顯眼，才能與明亮部分形成強弱對比。

因此，不需要以手工詳細地描繪，而是以淡淡地貼上照片的方式來呈現細節。將照片以第 2 章③「 7-1 」（第 60 頁）相同的步驟貼上畫面。

A 讀取第 2 章③「 4-1 」（第 56 頁）貼在畫面左側的「照片：建築物 c」後，將照片點陣圖層化處理（第 46 頁）。

B 配合「 1-1 」建立起來的陰暗部分，將照片放大、變形（第 26 頁）後配置於畫面上。

C 將貼上的照片放入「 1-1 」建立起來的「色彩增值」圖層資料夾內，設定剪裁為描繪了陰暗部分的圖層範圍，並將不透明度降低，使照片變成半透明。

接著再建立一個圖層，設定為使用下一圖層剪裁，強調出陰暗的部分。

最後要將太空船的邊緣以合成模式「濾色」的圖層進行朦朧處理，藉由空氣遠近法（第 34 頁）來強調立體感及規模感。到目前為止，太空船的細節描繪就算完成了。

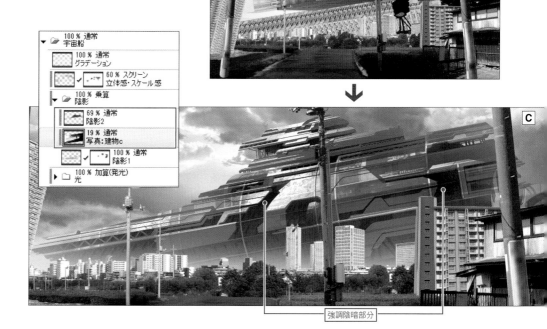

強調陰暗部分

② 降低照片感

2-1　以漸變貼圖處理，遮蓋細節感

「1-2」～「1-3」的步驟已經成功地將太空船凸顯出來，不過目前的狀態幾乎只是以草稿為基礎將照片貼上而已，整個畫面都充滿了細節。因此，到底想要凸顯畫面的哪個部分並不明確，觀看方的視線也不知道該從何開始。

於是，藉由刻意地破壞一些部分的細節，可以誘導視線朝向保有細節的部分。這個步驟的作業能夠降低照片感，也能夠提升插畫感。

首先要如同第 2 章③「1-5」（第 49 頁）所做的決定，將電線桿的細節破壞之後，只以外輪廓的狀態呈現。

Ａ　建立一個圖層資料夾，將第 2 章③「6-1」～「6-2」（第 59 頁）描繪電線桿的圖層資料夾放入這個資料夾中。在描繪電線桿的圖層資料夾之上，建立合成模式「色彩增值」的圖層，設定為使用下一圖層剪裁。在色彩增值的圖層施以縱向的漸變貼圖處理，刻意地破壞掉電線桿的細節。

Ｂ　在 Ａ 建立的圖層之上，建立合成模式「變亮」的圖層，設定為用下一圖層剪裁。以藍色的漸變貼圖處理蓋在 Ａ 之上，使其融入周圍。藉由 Ａ 與 Ｂ 的作業，並非只是表現出空氣遠近法的朦朧感，也是為了刻意地破壞細節，來補強視線的誘導。

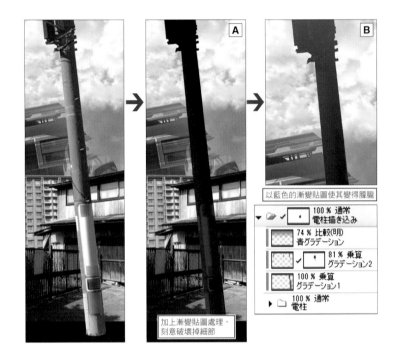

以藍色的漸變貼圖使其變得朦朧

加上漸變貼圖處理，刻意破壞掉細節

2-2　描繪陰影，減少整體細節感

與「2-1」相同，在畫面整體加上陰暗的部分。

這幅插畫中最希望凸顯的部分是太空船，因此要以畫面的左右為主，建立破壞細節的部分，讓視線能夠順著中央的道路一直線連接到太空船。

在這裏也要建立一些陰影部分，好讓光源的方向也能夠統一。雖然在草稿階段預設的光源是來自右上方，但考慮到配置完成的照片中原本的光源方向，因此將光源設定改為來自左上方。

Ａ　將「2-1」的處理施加在整體畫面上。

由於要建立一些陰影的部分，因此這個時候就要決定好光源的方向。這次的光源設定左上方。

以畫面左右為主，將細節破壞掉，強調出由中央道路朝向太空船的視線誘導。

以畫面左右為主，破壞細節，讓視線沿著中央道路朝向太空船

B 由於不想為了配合光源方向，改變左側傾斜的「照片：建築物 c」的位置或形狀，因此就不以左右反轉的方式處理，改以色彩增值圖層和「主要塗色」的筆刷來修飾描繪陰暗部分，讓光源位於左側。

C 左右反轉配置於遠景左側的「照片：遠景建築物 a」照片，配合光源的方向。

配合光源方向，修飾描繪陰暗部分

配合光源方向左右反轉

2-3 天空融入畫面

加上陰影處理後，插畫的具體完成形態就逐漸成形。這麼一來，反而是天空的照片感比較讓人感到在意，因此要在這裏進行調整。首先，天空整體的細節過於平均，感受不到立體縱深，因此要以下方為起點，施加漸變貼圖處理。天空愈接近下部，也就是愈接近地平線，愈會成為遠景，因此要依照空氣遠近法表現出愈來愈朦朧的感覺。

而且將下部的顏色調淡之後，上部的顏色相對變深，透過這樣的強弱對比，可以強調出天空的立體縱深。

強調出立體縱深之後，為了凸顯作為主體的太空船，要刻意地將細節破壞掉。

A 在第 2 章③「 3-2 」～「 3-4 」建立的圖層之上，建立合成模式「覆蓋」或「濾色」的圖層，施加漸變貼圖處理，讓天空的下部顏色變淡。

接著配合下部顏色調淡的程度，使用「覆蓋」的圖層，將上部四周圍的顏色調深。

B 建立合成模式「變亮」的圖層，將色彩濃厚、細節感強烈的部分調淡。藉由使用「變亮」的圖層，可以讓天空整體的顏色融入周圍，並且降低照片感，營造出與插畫主體太空船之間的強弱對比。

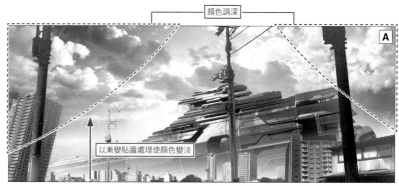

顏色調深

以漸變貼圖處理使顏色變淡

使深色部分的色彩與周圍融合，並調淡顏色

2-4 使用材質素材，加上地面細節

在想要凸顯的部分加上細節。

畫面中央的大道，是這幅插畫的導入部分。營造出道路的損壞質感，暗示出太空船緊急迫降時對周遭環境造成的影響。

這個作業增加的道路細節，也可以讓第 2 章③「 5-1 」（第 58 頁）增加的積水處看起來不再那麼不自然。

細節的增加，與第 3 章②「 3-1 」（第 81 頁）相同，以使用材質素材的作業步驟進行。

材質素材的製作方法、使用方法也請一併參考「將照片材質素材作為素材使用」（第 28 頁）的解說。

材質素材：地面 A

A 準備好「材質素材：地面」。

B 以第 3 章②「 3-1 」同樣的步驟，在地面上加上細節。

C 如此即可大幅降低畫面整體的照片感及不自然感。

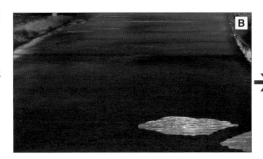 

3 加上光線

3-1 大範圍光線照射

配合「 2-2 」設定好的光源方向，在畫面整體大範圍地打上亮光。基本上以不破壞目前為止保留下來的照片細節，以及建立完成的材質素材感為原則。

打上亮光之後，整體畫面會一口氣變得明亮鮮明。

A 左上方的光源。

B 在所有圖層的最上方，建立合成模式「相加（發光）」的圖層資料夾。在資料夾中一邊建立圖層，一邊在不破壞照片所具備的細節，以及建立完成的材質素材感的情形下，使用「柔化塗色」的筆刷，大範圍地打上亮光。

然而，一部分建築物的細節是刻意破壞來降低照片感，因此在大樓打上亮光的時候，要以光暈（受到強烈光線照射部分，周圍出現模糊的效果）的方式呈現。

C 在畫面整體以相同的方式打上亮光。

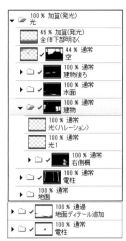

3-2 強調遠近

將各距離的邊界朦朧處理後調整變亮，強調出遠近感。

A 在配置於各距離的設計概念圖層資料夾之間建立合成模式「濾色」的圖層，將其朦朧處理後調亮，強調出遠近感。

3-3 加上反光

在各部位加上反光效果。因為光源來自左上方,所以要加上來自反方向向右下方的反射光線。藉由在畫面加上反光效果,可以補強立體感。

A 在「3-1」建立的圖層資料夾之上,建立圖層資料夾。將合成模式設定為「通過」,使得在圖層資料夾中建立「相加(發光)」圖層的效果,同樣會適用於資料夾外的圖層。

B 使用「柔化塗色」的筆刷在各部位加上反光效果。藉此也能夠補強立體感。

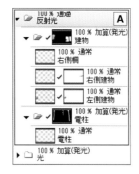

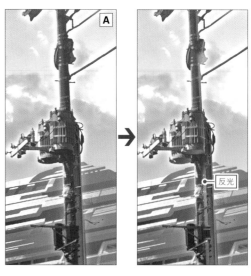

讓觀者想像畫面外的事物

在地面加上來自畫面外的電線桿影子,除了「讓光源的方向更加清楚明顯」之外,還有「將規模感擴張至畫面外」的意圖。像這樣影射出實際並未描繪在畫面上的要素,可以刺激觀者的想像和幻想,進而產生興奮期待感,是讓插畫作品充滿魅力的重要技巧。

稍微修飾描繪成攻擊型的太空船

透過在太空船上修飾描繪出砲塔,可以讓這艘太空船看起來像是攻擊型太空船。而且還能藉此呈現出太空船的朝向。

4 修飾完稿

4-1 補充修飾描繪及調整色調後即告完成

在畫面加上細微部分的修飾描繪，以及色彩的調整，作為完稿前的修飾。

以手繪方式增加描繪原本描寫得不甚完整的電線。

畫面左側的傾斜建築物要以手工描繪出毀損的模樣，使觀者對太空船緊急迫降造成周遭環境的影響加強印象。

將畫面整體的藍色調整為偏向水藍色，強調出插畫感。

最後要將女孩描繪上去。相對於太空船的非日常，這個女孩屬於日常風景的一部分，因此決定描繪一位平凡的女學生。到此整幅作品就完成了。

A 增加描繪原本不完整的電線。

B 修飾描繪出畫面左側的傾斜建築物毀損的狀態。

C 將插畫整體的藍色調整為偏向水藍色，強調出插畫感。最後描繪出第 2 章「 1-6 」（第 49 頁）增加的女孩子身上的細節就完成了。

考量到視線誘導的物體配置方法

在這裏要利用「道路、電線桿、電線」來讓觀看者的視線一直線朝向太空船移動。而且還要讓觀看者的意識不會受到道路、電線桿、電線外側的「其他的部分」影響，以呈現出日常生活中不值一提的風景印象為目標。

此外，這些觀者意識中不會注意到的「其他部分」，就算照片合成的細節處理不是很嚴謹，觀者也會在腦海中自行修正細節。

② 技法之集大成

最後要以本書封面插畫的製作過程進行解說。這是將 Photobash 的要素與手工描繪的要素，以絕佳的比例均衡組合搭配而成的技法集大成。

劇情場景是以一名女騎士隻身前往隱藏森林深處的迷宮為形象。整幅畫面就像是 RPG 電玩遊戲場景的概念藝術作品。

📷 **本項所使用的照片**

照片：樹木 a

照片：天空 d

照片：樹木 b

照片：雜樹木林 b

照片：植物

照片：樹木 h

照片：建築物 a

照片：河川 c

1 配置照片製作草稿

照片：樹木 a

A

1-1 配置插畫主體的照片

一邊配置照片，一邊將設計形象固定成形。
首先要在插畫的中景，也就是中央的主體部分配置「照片：樹木 a」。
連同接下來「 1-2 」的工程，多方嘗試重覆配置照片的位置，直到作品的形象出現為止。
不要只在腦海中思考，重要的是要去實際動手操作。

A 以【檔案】選單→【讀取】→【圖像】的步驟將照片讀取至畫
布，配置於插畫中景的中央偏左位置。

B 視平線設定在中央稍微下方的位置。

B

視平線

1-2 組合初步畫面形象

除了照片之外，再加上簡略描繪的線條，組合成大致的完成形象。並非只有構圖，包含所使用的照片，也要這個時候畫出某種程度的定位參考線。

A 以簡略的線條組合完成初步設定。

在此階段，要考量下列事項來建立構圖。

1. 近景、中景、遠景要明確區分，但各自又連接
在同一塊土地上。

2. 構圖時要讓視線集中在作為畫面主體的中央樹
木（配置在那裏的建築物）上。
仔細安排避免配置遮蔽物在樹木前方，並且讓
縱向的透視線以中央的大樹根部照片為中心點
等等。

3. 草稿的階段就已經預期到因為樹木與地面的面
積較多的關係，畫面顏色會偏向茶色。因此計
畫放置一些植物，增加綠色的範圍。

光源

A

4. 作為主體的「照片：樹木 a」的光源本來就在左上方，因此插畫整體的光源設定在左上方。

1-3　確認照片是否符合形象

經過多方嘗試，將插畫的完成形象組合好後，讀取照片實際配置看看是否符合形象。配置於畫面的照片的不需拘泥於原來的長寬比例，自由調整改變也沒有問題。

如有需要裁剪照片，請使用圖層蒙版（第 24 頁），重覆地執行消去或恢復原狀的動作，將照片的使用範圍確定下來。

A 將「照片：建築物 a」配置於「 1-1 」配置完成的樹木中央。畫面中央的樹木是到處可見的樹木尺寸，但是透過與建築物的對比，看起來就像巨大的樹木一般。

B 將「照片：樹木 b」配置於畫面的右側。

C 配置由近景朝向畫面後方流去的「照片：河川 c」。在 **B** 配置的「照片：樹木 b」實際上也是到處可見的樹木尺寸，但與河川對比之下，看起來也如同巨大樹木似的。

D 在配置完成的照片圖層建立圖層蒙版，將必要的部分裁剪下來。在這個階段，大略地裁剪也沒有關係。

照片：建築物 a　**A**

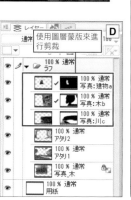

使用圖層蒙版來進行剪裁　**D**

照片：樹木 b　**B**

照片：河川 c　**C**

1-4　設定初步色調

這裏要大略地設定色調。考量到空氣遠近法（第 34 頁），畫面前方顏色較深，然後再平順地轉變色相將顏色調淡。

A 將顏色調整成近景是深藍色，愈朝向遠景則愈變化成偏淡綠色的顏色。

色淺（後方）

色深（前方）

A

2 裁剪照片，調整色調

2-1 將作為主體的照片裁剪下來

草稿階段的照片配置得很順利，因此可以直接進行後續作業。首先，將配置完成的照片小心地裁剪下來。在這裏一樣使用圖層蒙版來裁剪，方便後續可以進行微調。此外，裁剪之前請先將原來照片的圖層複製保留下來。

A 建立新圖層，使用「主要不透明」筆刷勾勒出輪廓線，將照片不要部分的範圍以填充塗色進行處理。

B 在 A 建立的圖層的快取縮圖上以 Ctrl ＋點擊滑鼠左鍵，建立選擇範圍（第 23 頁）。

C 在裁剪照片的圖層被選擇的狀態下，執行【圖層】選單→【圖層蒙版】→【在選擇範圍製作蒙版】，將必要的部分裁剪下來。雖然說是要小心地裁剪，但在某種程度上稍微粗略一點也沒有關係。裁剪得太過整齊的話，看起來就像是人工處理過，反而造成違和感，因此要刻意地扭曲一下輪廓線。

D 河岸周圍、建築物的左側部分等照片與照片重疊的部分，裁剪完成後要在蒙版上輕輕地以橡皮擦處理，使其彼此融入周圍。

E 依「河川」、「右側」、「中央」等不同部位分別建立圖層資料夾，比較容易分別管理圖層。

F 照片的裁剪完成後的狀態。

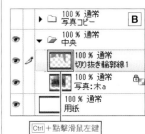

Ctrl ＋點擊滑鼠左鍵

粗略地裁剪

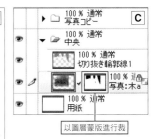

以圖層蒙版進行裁

讓重疊部分彼此融合

2-2 描繪主體以外的外輪廓

配置照片的中景視覺重點（集中視線的主體部分）以外的部分，這個時候還不需要使用到照片，使用筆刷描繪外輪廓即可。明明後續的步驟都會使用照片進行配置，為什麼還要刻意多一個這樣的步驟呢？這是因為如果一開始就以照片配置所有的畫面架構，那麼畫面整體都將具備相同等級的質感和細節，如此便無法呈現出強弱對比。對插畫而言，必須要一邊進行描繪，再漸漸地加筆描繪、修正畫面，才能夠呈現出強弱對比。若是一開始畫面整體就塞滿了細節，便會難以想像完成的模樣，結果造成插畫過於平坦沒有重點的感覺。

A 依照「 1-4 」建立大致上的顏色，在近景與遠景描繪樹木及樹葉的外輪廓。畫面前方顏色較深，愈往畫面後方則顏色愈淺。樹木使用「主要不透明」，樹葉使用「樹葉」筆刷進行描繪。

B 在這裏也一樣，分別建立圖層資料夾，方便管理。

R：46
G：67
B：75

R：78
G：106
B：100

R：19
G：22
B：38

2-3 為照片增加強弱對比

調整照片部分的顏色，呈現出強弱對比。

在這裏重要的並非只有透過畫面對比度營造出強弱對比而已，還要藉由各部位的明暗差異，建立集中視線或視線以外的部分。

像這樣將強弱對比建立出來後，觀看者的視線移動便能夠自然流暢，結果就能在畫面上營造出動態以及韻律感。

首先要在右側配置的「照片：樹木 b」的部分開始加上強弱對比，不過這部份先後順序並不特別重要。

A 使用「色彩增值」或「覆蓋」的合成模式（第 21 頁）調整對比度，或是以「色相・彩度・明度」的色調補償圖層（第 25 頁）進行彩度的調整。

B 建立明亮部分（集中視線的部分）與陰暗部分（視線以外的部分），呈現出強弱對比。

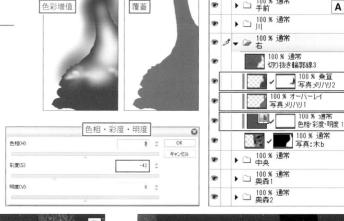

陰暗部分
（視線以外）

明亮部分
（視線）

3 加上照片

3-1 在外輪廓貼上照片

在插畫的視覺重點部分加上強弱對比後，將「照片：樹木林 b」貼上「 2-2 」建立的遠景外輪廓，並將「照片：樹木 h」的照片貼上近景的外輪廓。

反覆調整位置或角度，直到滿意為止，但基本上 100%滿意的配置是不存在的，說到頭來也沒有必要做到那個地步。只要乍看之下沒有違和感就足夠了。

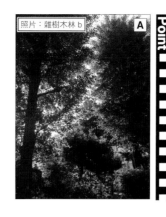

照片：雜樹木林 b

強調照片的明暗

所謂「外行人拍攝的照片」，指的是沒有強弱對比，濃淡及色彩都平坦無起伏的照片。

對 Photobash 來說，因為要使用數張照片組合搭配而成，明暗如果四散在畫面各處的話，視線將不知道應該定於什麼地方。

因此，在插畫上使用照片時，需要強調出明暗，將觀看者應該注意到的部位限制住。

此外，透過畫面明暗的強調，也可以表現初步的立體感。

A 準備好預定要貼上遠景的外輪廓的「照片：樹木林 b」。

B 在描繪外輪廓的圖層之上，建立圖層資料夾，設定為用下一圖層裁剪（第 20 頁），在資料夾中讀取照片後貼上畫面。建立圖層蒙版，將照片的邊緣以及不要的部分，以橡皮擦進行調整。

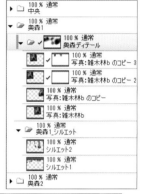

C 準備好使用在近景的外輪廓的「照片：樹木 h」，與處理遠景的外輪廓時相同的步驟貼上畫面。

近景是以視線誘導為目的，所以強調的是外輪廓，亮度、對比度都不要處理得過於顯眼。除此之外，為了強調出遠近感，要將樹木的樹幹修改得粗一些。

照片：樹木 h

以漸變貼圖處理，使畫面朦朧

D 調整貼上遠景的照片色調。不光是對比度及彩度的調整，還要考量到空氣遠近法，以漸變貼圖處理的方式，在畫面上施加朦朧處理進行調整。

3-2 描繪質感細節

在「 3-1 」照片貼上的近景及遠景的樹幹上，描繪出質感細節。

質感描繪，使用以照片建立的材質素材筆刷「木紋暗」、「木紋亮」來進行（第 32 頁）。

筆刷的建立方法，請參考第 31 頁。

A 近景的樹幹要以材質素材筆刷「木紋暗」來描繪出質感。

這裏也是以外輪廓的方式呈現，並要將顏色調淡至不會造成干擾的程度。

B 遠景的樹幹以材質素材筆刷「木紋亮」描繪出質感。

近景

遠景

3-3 加上植物，強調規模感的對比

這次的場景設定是位於森林之中，為了要表現場景的特色，要在畫面中加上植物。

除了表現出場景設定外，也有在畫面上增加資訊量的效果，然而更重要的是，對於配置在畫面上的各項設計概念物件，進行「控制規模感」的效果。透過植物與樹木的對比，強調出樹木的巨大規模。

A 讀取「照片：植物」。

B 將讀取照片的「不透明度」降低為半透明。

一邊考量到樹木的規模感，一邊配置於接地部分，調整尺寸及位置。

調整的訣竅，是一邊想像著如果真的有一個人站在那裏，會是怎麼樣的情形？一邊進行調整。

C 既然使用的是照片，避免不了有些規模感無法完全滿意的部分（在這裏尤其是紅圈的部分最為明顯）。

然而，如果這些部分不多的話，除了可以在規模加上強弱韻律之外，也可以在後續步驟進行修正，因此不需要在意這些部分，儘管繼續作業。

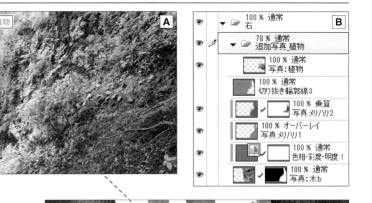

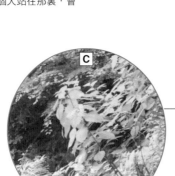

控制規模感

到目前為止，我們讓隨處可見的普通樹木，透過與建築物及河川的對比，呈現出巨大樹木的感覺。雖然說如此已經能夠表現出規模感，但現實存在的建築物及河川有著各種大小不同的尺寸，作為對比物來說，稍微有點不夠精確。

關於這點，任何植物的尺寸基本上都幾乎相同（當然，認真去尋找的話，也有巨大的植物存在…），而且是身邊隨處可見的物件。對於像這樣的奇幻世界的設計概念來說，與現實事物作出對比，也是相當有效的表現手法。

讓普通的樹木與建築物及河川形成對比，營造出巨木感

以增加植物的方式，強調出規模感

決定好照片的尺寸及位置之後，將不透明度恢
復原狀，消去不要的部分。

D 將「不透明度」的數值恢復成「100」。

E 執行【選擇範圍】選單→【色域選擇】
（第 23 頁），選擇植物的照片中較暗的
部分。由於這裏想要建立陰暗部分大概的
選擇範圍即可，因此將「許容誤差」（容
許誤差）的值設定得較高。

F 以色域選擇建立的選擇範圍，處於尚未執
行邊緣柔化處理的狀態，藉由【選擇範
圍】選單→【邊界暈色】（第 22 頁）將
邊緣暈色「2～4px」左右，進行柔化處
理。

G 如果將建立的選擇範圍部分的照片消去，只有陰暗部分會被
刪除，因此只會留下「明亮樹葉的部分」。在這上面可以進
一步使用橡皮擦將不要的部分消去。
這個時候的消去作業也同樣要在圖層蒙版上進行。

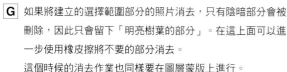

點選較陰暗的部分

使用蒙版將不要的部分消去

3-4 比較近景與遠景的規模感並增加植物

與「3-3」相同，將植物配置於畫面各處。

配置於近景與中景的樹葉，透過配置時考量到尺寸比例，可以強調出遠近感。

然而，中景中央的部分雖然相較「3-3」加上植物的右側部位的距離更遠，增加的植物尺寸卻相同。這麼做的理由有 2 個。

第 1 個理由，是因為具備細節的照片，如果過度縮小的話，質感會變得粗糙，看起來只會如同雜訊一般。

第 2 個理由，是因為這個部分將會成為插畫中的主體部分，在後續的步驟中，預期對於此處因為進一步描繪而需要調整尺寸的次數也會較多。所以就事先將這個部分調整成較大的尺寸。

A 配置於畫面的植物尺寸，近景要放大，中景要縮小。

B 中景中央的部分雖然相較「3-3」增加植物的右側部位的距離更遠，但考量到後續的修飾描繪所需要進行的調整，因此事先調整為相同尺寸。

3-5 畫面上部增加樹葉

在畫面上部增加樹葉。

在這裏我們需要的與其說是樹葉的細節，不如說是外輪廓，與「2-2」步驟相同，以「樹葉」的筆刷建立外輪廓後，再與「3-1」的步驟相同，貼上「照片：樹木林 b」。

A 以「樹葉」的筆刷在畫面上部描繪外輪廓。

B 在外輪廓上，建立圖層後設定為用下一圖層裁剪，接著貼上「照片：樹木林 b」。

C 在畫面上部略顯不足的部分進行 A B 的工程。

近景 B

4 營造立體感

4-1 強調遠近

到前面的章節為止，透過照片的配置進行的畫面構圖完成了。

由此開始要進行手工描繪工程，提高插畫的完成度。

首先，考量到空氣遠近法，將近景、中景、遠景各別的邊緣部分調整為明亮的朦朧效果。

A 在各部位的圖層資料夾之間，建立合成模式「濾色」的圖層。

B 使用「柔化輪廓」、「雲　軟」、「滲透模糊」等筆刷，將近景、中景、遠景各自的邊緣部分施以模糊的朦朧效果，清楚呈現各距離的邊界線，強調出遠近感。

	100 % 通常 手前	A
	100 % スクリーン 遠近感1-2	
	100 % スクリーン 遠近感1	
	100 % 通常 川	
	100 % 通常 右	
	100 % 通常 上葉	
	100 % スクリーン 遠近感2	
	100 % 通常 中央	
	100 % スクリーン 遠近感3	
	100 % 通常 奥森1	
	100 % 通常 奥森2	

中景 B

遠景 B

4-2 模糊處理邊緣，營造立體感和景深

使各部位的邊緣變得明亮朦朧。如此一來，可以表現出迂迴曲折的感覺，強調出立體感和景深。

A 使用合成模式「濾色」的圖層，讓樹木及建築物的邊緣變得明亮朦朧。

A

5 描繪細節

5-1 修飾不自然部分

在照片之間的連接處形成重疊的部分，以及描繪不充分的部分，再加筆修飾描繪修正。

畫面中央與深處的河岸地面等處，是由不同的照片連接形成的部分，如果不做任何處理的話，看起來會不自然。要想消除這些不自然的部分，就必須由原來的照片建立材質素材資料，再以此處理不自然處，使其融入周圍。由照片建立材質素材資料的方法，也請一併參考「將照片當作材質素材使用」（第 28 頁）與第 3 章。此外，將河水的透明感與倒影表現出來，可以增加真實感。詳細的方法請參考第 68 頁。

A 畫面中央部分與深處的河岸地面等處，要由照片建立材質素材資料，再以此消去連接部分的不自然處。

B 將先前複製保留下來的「照片：樹木 b」，淡淡地配置於河川的圖層之上，表現出河水的透明感。

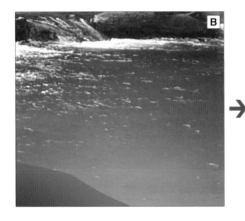 

5-2 描繪建築物的細節

描繪中央建築物的細節。

這裏是插畫的中心，也是作為主題的部分，充分地以手工描繪刻意增加整體的插畫感。

A 以「柔化塗色」的筆刷，讓建築物與樹木的重疊部分彼此融入周圍，再以「主要塗色」的筆刷增加細節。

Point

刻意讓手工描繪部分看起來更顯眼

在視線集中的部分刻意明顯地以手工描繪處理，可以將觀看者的目光吸引至那個部分，有可能產生「其他部分該不會也是以手工描繪吧？太厲害了！」的錯覺。就算還不到造成錯覺的程度，也影射出有那樣的可能性。

像這樣針對觀看者的畫面表現手法運用，能夠連結到插畫的豐富程度以及分量感，是非常重要的技法。

5-3　描繪陰影

在「 5-1 」、「 5-2 」進行的一連串修飾描繪，是為了能夠事先將各部位的形狀清楚確定下來，以便於由此開始要進行的陰影及亮光描繪步驟。陰影與亮光要以物體的形狀為基礎進行描繪，因此將形狀清楚確定下來是很重要的步驟。

首先要描繪陰影。

這個步驟會讓目前為止營造出來的「照相寫實度」減損不少，可能會讓人感到有些沮喪也說不定。不過，為了要提升最終作為插畫的完成度，這是無論如何都必要的步驟，現在的照相寫實度尚未脫離照片合成的領域，因此要咬緊牙根，繼續動筆向前推進。

此外，沒有進行修飾描繪的樹木，因為原本照片和插畫預期的規模感不同而出現違和感，而且細節也壓倒性的不足。在這裏加入陰影的話，就能增加細節，達到補足規模感的目的。

A 光源設定為來自左上方。

B 建立合成模式「色彩增值」的圖層（或是建立一個圖層資料夾，然後在資料夾中建立圖層），考量光源的方向，進行陰影的描繪。透過加上陰影的處理，結果會讓明亮部分看起來就像是以自然光打在物體表面，形成大範圍的打光效果。

C 如同「 5-2 」所預期的效果，在中央的主體部分多做一些處理效果。

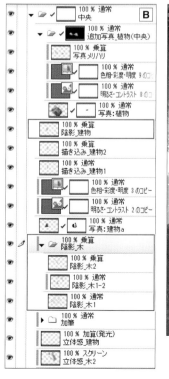

5-4 描繪光線（亮部）

在這裏加入的亮光（亮部），除了有增加資訊量及提升插畫完成度的意義之外，同時也因為畫面是由數張照片合成，避免不了光源的方向混亂沒有規則性，為了要統一光源，而必須要去處理的作業。

至於打光的方法，先要由原來的照片建立材質素材，以材質素材的範圍建立圖層蒙版後描繪。以這樣的方式處理，就不會減損原來的質感，同時能夠描繪出光線的細節。

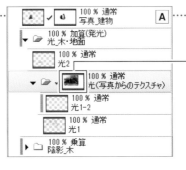

A　建立用來描繪樹木與建築物亮光的圖層資料夾，然後在資料夾中建立用來描繪亮光的圖層。接著使用以原來的照片建立的材質素材，預先在圖層資料夾建立圖層蒙版。

B　以「主要塗色」的筆刷描繪亮光（亮部）。由於 A 已經建立好圖層蒙版的關係，可以在不減損質感的狀態打上亮光。

C　在建築物的邊緣部分，重點打上亮光，可以強調出立體物的形狀。

D　好好地考量光源方向打上亮光。這次因為光源在左上方，因此左側的側面要重點打上亮光。右側的側面則刻意的避免打上亮光，讓觀看者一眼就能留下光源的印象。

E　在畫面整體描繪出光亮與陰影細節的狀態。

5-5 修飾描繪植物

修飾描繪植物的細部，補償修正「3-4」保留未處理的因距離所形成的規模感。

樹葉的修飾描繪，要使用由照片建立的材質素材筆刷「樹葉摘出」及「樹葉摘出（大）」。

作業時要考量到規模感，並且修飾描繪細節過於粗糙的部分，並透過光線的反射、明暗的強調來處理。

樹葉摘出

樹葉摘出（大）

A 使用材質素材筆刷「樹葉摘出」、「樹葉摘出（大）」，描繪細微的樹葉。
筆刷尺寸愈靠近畫面前方愈大，愈靠近畫面後方愈小，補償修正因距離形成的規模感。

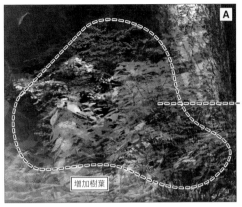

A

增加樹葉

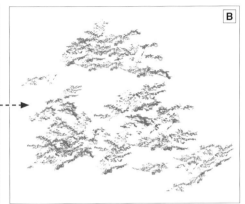

B

B 只有顯示經過修飾描繪部分的狀態。

C 將合成模式「相加（發光）」的圖層，設定裁剪為在 A 修飾描繪樹葉的圖層。以輪廓模糊的筆刷「柔化輪廓」描繪光線的反射所形成明亮部分的細節。
接下來，在 A 建立的圖層之下，建立合成模式「色彩增值」的圖層，描繪出更加陰暗部分的細節。
以此架構出與原本描繪的植物之間的層次，形成具有深厚分量感的描寫。

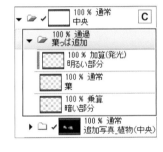

C

C

陰暗部分

明亮部分

D 其他的部分也要進行 A ～ C 的步驟。

D

5-6 增加反光部位

以藍色將來自光源反方向那一側（右下）的反光描繪上去。
為了避免破壞到目前為止營造出來的整體形象，只有稍微加上
反光效果，因此不會產生戲劇性的變化，但這個作業相當重
要。

A 預設反光來自與光源相反方向的右下方。

B 在進行描繪作業的照片之上（在這裏是中央樹木的最上
方）建立圖層資料夾，將合成模式設定為「相加（發
光）」。在資料夾中建立圖層。然後將圖層資料夾設定為
以下一圖層裁剪，以免超出加入反光的範圍。

C 以藍色將反光描繪上去。反光效果要點到為止，避免破壞插畫的整體形象。

在光源的反方向加入反光效果

反光

5-7 將照片配置在天空

天空因強光的關係，呈現層次失調的白色，給人天空全
白的印象。不過只有白色的話，整個畫面會過於平坦，
因此要將「照片：天空 d」淡淡地配置上去。

A 讀取「照片：天空 d」。

B 配置照片。在這裡只是要稍微的進行描寫，將照片橫向放大，只以合成模式「覆蓋」的圖層或
色調補償進行調整即可，不需要去描繪細節。

照片：天空 d

6 修飾完稿

6-1　調整整體畫面後即告完成

一連串的描繪工作到此告一段落。接下來要修飾描繪細微部分,提高
作為插畫的完成度。
最後調整色調,將女孩加上去就完成了。

A 在建築物的窗戶描繪倒影,在樹木上描繪苔蘚。

B 在中景描繪霧氣。
　　藉此可以進一步增加奇幻世界的氛圍。

C 所有的圖層的最上方,建立色彩調整用的「覆蓋」
　　圖層資料夾。塗色處理時要強調外側的藍色,藉此
　　強調畫面的深度與強弱對比。
　　接下來,建立由中景至畫面深處的合成模式「變
　　亮」圖層,以綠色填充塗色,將不透明度降低。
　　如此一來,**B** 所增加的霧氣與中景~遠景就能夠
　　彼此輕柔地融入對方。

D 將女孩描繪上去。
　　最後在建築物的窗戶增加紅色,作為畫面上的重點
　　顏色後,便完成了。

COLUMN

構圖重點和本書插畫範例的設計概念

不只限於 Photobash，畫面的構圖對於所有插畫作品來說都是重大課題，也是作品的主題。

在畫面構成上的距離及視線誘導等重要性已經在第 36 頁「構圖方法」進行解說。

接下來，要為各位介紹在構圖上的其他重點，以及 Photobash 特有的注意事項。

決定主體的部分

首先要思考的是如何安排「插畫中最精彩的主體部分」。接下來，就要考量如何將視誘導到以主體為中心的部分，反推如何配置其他的要素，讓這個主體更加凸顯出來。

加入故事背景

「在這個畫面構圖當中，要加入怎樣的故事背景？」，尤其是對場景插畫非常重要。雖然說是故事背景，但這裏所指的並非是具備起承轉合的完整故事。而是畫面中的場景是如何形成？如果實際在其中進行冒險的話，要透過怎麼樣的路徑前進？一路上會有怎麼樣的經歷？這樣的故事背景。舉個極端的例子，我們可以把插畫當作電玩遊戲的一個關卡舞台，玩家要如何進行遊戲攻略？以這樣的感覺去考量畫面結構也不錯。攻略關卡舞台的時候，要順著什麼樣的路徑來突破關卡？什麼地方會形成分岐路線？什麼地方得吃點苦頭？在哪裏要給予玩家（視覺上的）獎賞？像這樣，以關卡設計（電玩遊戲中的關卡舞台與環境、難易度等設計）的思維來設計畫面結構的話，應該就能夠達到讓觀看者實際進入插畫的世界裏的構圖效果了吧。

不要過度遷就原本照片的構圖

這是 Photobash 特有的注意事項。當我們使用一張照片為底圖，然後在照片上描繪各種加入要素的時候（如同本書插畫『逐日盡頭的日常』的製作方式），容易傾向流用底圖照片的構圖。然而，那個構圖是保持原樣才具說服力，如果要在插圖的畫面加上調整設計的話，構圖本身的思維就有必要一併重新調整設計。還不熟悉這種作法的人，可以試著先以自己手繪的線條描繪草稿，與其他的背景插畫作品的思維方式一樣，重新再配置畫面構圖。相信這麼一來，就能正確地將照片作為「素材」來加以活用。總而言之，避免過度遷就原照片構圖是相當重要的事項。

接下來要對本書插畫構圖中所包含的設計意圖進行解說。

請各位在描繪插畫時，也務必參考這裏介紹的設計考量方式。

油揚參山道　製作過程→ 第 72 頁～第 91 頁

插畫的主體部分是中景右側的鳥居。而且在各距離也安排了如近景的石燈籠、遠景中央的高山等畫面精彩部分，藉此補強由近景朝向遠景的視線誘導。

這幅插畫在構圖上反映出許多當初在拍攝這張照片時登山過程的回憶。那時候爬的山當然不是像插畫這樣充滿奇幻風格，然而當時走得腳部痠痛的感覺、遍佈山中各異其趣的神社，和沿著山路綿延的莊嚴鳥居的…等，幾乎沒有一項是可以讓我捨去的要素。Photobash 的好處之一，就是在拍攝照片的時候，實際經歷過拍攝的環境，而那個體驗所衍生的情感就會灌注在插畫作品當中。

在這幅插畫作品的製作過程中，解說的重點放在將照片作為材質素材使用的方法。如果說不希望呈現出太強烈的照片感時，或是想要在插畫中增加一些強弱起伏時，請參考這裏的描繪方式。

逐日盡頭的日常　製作過程→ 第 44 頁～第 61 頁、第 132 頁～第 139 頁

插畫的主體部分雖然是遠景的太空船，但透過朦朧處理，以及遮蓋住部分船身等等，成功地融入背景的景色當中。藉由這樣的處理，讓日常與非日常的對比能夠自然地呈現在同個畫面上，營造出場景的趣味性。

為了要強調出遠景太空船的異質感，其他部分都使用現實生活中的風景。像是作為底圖使用的農田、電線杆等照片等等，盡可能都選擇可以在日常生活中拍攝到的風景照片來構成整幅插畫。

視線誘導的部分，藉由道路、電線杆、電線的配置方式，讓視線能夠一直線朝向太空船。

使用的建築物照片，雖然有公寓建築、高層大樓、廢棄房舍（或倉庫）等等，某種程度上盡量增加種類的豐富性，但每張照片都是不需特別費工就能拍攝到的。希望能夠傳達給各位，平常生活中就已經充滿了可以活用為插畫素材的各種要素。

這幅插畫的製作過程，可以讓我們學習到照片的組合方式、照片與照片相連接部分的處理方式（隱藏方法）、以及如何達到插畫的整體調和方法…等。

深樹離宮製作過程→ 第 140 頁～第 155 頁

插畫的主體部分是中景的巨木與建築物。

先以手繪插畫相同的方式製作草稿，然後在主體部分將照片配置上去，屬於混合技法的構圖方式。我想這種構圖方式應該是最具備泛用性的插畫描繪方法。

中央的巨木原本只是尺寸稍微有點大的樹根，但是透過與建築物組合配置形成的對比，並且以建築物為主體描繪質感細節，成功營造出樹木的巨大感。其他的樹木部分也藉由增加植物來補強巨大感。

這幅插畫的製作重點是在於整體規模感的控制方式。

後記

非常感謝各位耐心地閱讀到這裏。

不知道各位有什麼感想呢？

如果讓您有「居然有這種技法！實在太取巧了！」的感覺，那我就太開心了。

倘若能夠將這個「取巧」的技法分享給各位，這就是身為作者的我最大的心願了。

雖說如此，我在「前言」也提到過，實際上技術本身並沒有什麼投機取巧的問題。

如果您將這個技法學習到足以活用的程度，大可抬頭挺胸感到驕傲。

看著自己筆下的插畫完成度因此而提升，僅管竊喜無妨。

再者，所謂的技術，需要不斷地改良、持續地發展。

本書盡量避免以繪畫實力的落差來自圓其說，而是從技術、技法的角度進行詳細解說。

然而如果只是用眼睛閱讀的話，可能還是難以理解。

請參考本書，實際去反覆動手嘗試＝實踐。

這麼一來，透過改良及發展，Photobash 才會真正的成為您自己所擁有的「技術」。

此外，本書將解說重點置於照片的活用法、融入插畫的畫面調整方法、畫面的構成方法等部分。對於插畫本身的描繪方法則沒有太多著墨。

關於插畫描繪的部分，在前作《ファンタジー風景の描き方 CLIP STUDIO PAINT PRO で空気感を表現するテクニック》當中，已經以一整冊的章節進行過解說。有機會的話，也請一併參考。

最後我要感謝同意讓我們使用照片的伏見稻荷大社、小貝川交流公園的相關人員；

提供照片給我的高橋先生，以及其他朋友們；

製作本書時多方關照的

Hobby Japan 的谷村先生、久松先生；

共同作者角丸先生；

透過完美的設計，幫我們將本書修飾完稿的設計者廣田先生；

以及由編輯到封面排版全程負責的 Remi-Q 難波先生；

還有其他所有相關工作人員及夥伴們，在此我要向各位表達謝意之意。

謝謝大家。

索引

Zounose

多摩美術大學日本畫科修士課程結業。
曾經擔任電玩遊戲公司的美術設計工作，
現在以自由插畫家的身份活躍中。
參與動畫製作或社群遊戲的角色設定、背景插畫等工作。
電玩遊戲《神擊のバハムート（巴哈姆特之怒）》《Shadowverse》（Cygames）
、《御城プロジェクト：RE～CASTLE DEFENSE～（御城收藏）》（DMM.com
LABO）等社群媒體網頁遊戲的插畫製作；動畫《バックワールド（小精靈世界）》
《コング/猿の王者（金剛：猩猩之王）》的背景設計、《東方景技帖 東方 Project で
学ぶ背景插畫テクニック》（玄光社）的製作過程插畫等。
著書有《動きのあるポーズの描き方 東方 Project 編 東方描技帖》（玄光社）、
《ファンタジー風景の描き方 CLIP STUDIO PAINT PRO で空気感を表現するテクニッ
ク》（Hobby Japan）等書。

角丸圓（KADOMARU TSUBURA）

自懂事以來即習於寫生與素描，國中、高中擔任美術社社長。實際上的任務是守護早已
化為漫畫研究會及鋼彈愛好會的美術社及社員，培養出現在電玩及動畫相關產業的創作
者。自己則在東京藝術大學美術學部、映像表現與現代美術為主流的環境中，選擇主修
油畫。
除《人物を描く基本》《水彩畫を描くきほん》《カード絵師の仕事》《アナログ絵師
たちの東方イラストテクニック》的編輯工作外，也負責《萌えキャラクターの描き
方》《萌えふたりの描き方》等系列書系監修工作，參與國內外 100 冊以上技法書的製
作。

● 設計・DTP……廣田正康
● 編輯……………難波智裕【Remi-Q】
● 企劃……………久松 綠【Hobby Japan】 谷村康弘【Hobby Japan】
● 協力……………CELSYS.Inc

伏見稻荷大社 宣揚課
HP http://inari.jp/

小貝川交流公司 櫻花行道樹
茨城縣下妻市 都市整備課
HP http://www.city.shimotsuma.lg.jp/page/page000198.html

高橋修吾（日本水彩連盟會員）

Photobash 入門

CLIP STUDIO PAINT PRO 與照片合成繪製場景插畫

作　　者 / Zounose・角丸圓
譯　　者 / 楊哲群
發 行 人 / 陳偉祥
發　　行 / 北星圖書事業股份有限公司
地　　址 / 新北市永和區中正路458號B1
電　　話 / 886-2-29229000
傳　　真 / 886-2-29229041
網　　址 / www.nsbooks.com.tw
E-MAIL / nsbook@nsbooks.com.tw
劃撥帳戶 / 北星文化事業有限公司
劃撥帳號 / 50042987
製版印刷 / 皇甫彩藝印刷股份有限公司
出 版 日 / 2017年 11 月
I S B N / 978-986-6399-72-5
定　　價 / 650 元

フォトバッシュ入門 CLIP STUDIO PAINT PRO と写真を使って描く風景イラスト
©ゾウノセ,角丸つぶら / HOBBY JAPAN

國家圖書館出版品預行編目(CIP)資料

Photobash入門：CLIP STUDIO PAINT PRO 與照片合成繪
　製場景插畫 / Zounose, 角丸圓作；楊哲群譯. -- 新北市：
　北星圖書, 2017.11
　　面；　公分
　　譯自：フォトバッシュ入門：CLIP STUDIO PAINT PRO
　と写真を使って描く風景イラスト
　ISBN 978-986-6399-72-5(平裝)

　1.電腦繪圖 2.電腦軟體

　312.866　　　　　　　　　　　　　106015626